FORSCHUNGSBERICHTE
DES WIRTSCHAFTS- UND VERKEHRSMINISTERIUMS
NORDRHEIN-WESTFALEN

Herausgegeben von Staatssekretär Prof. Leo Brandt

Nr. 226

Techn.-Wissenschaftl. Büro für die Bastfaserindustrie, Bielefeld

Untersuchungen zur Verbesserung des Leinenwebstuhles IV.

Die Wirkung verschiedener Kettbaumbremsen auf die Verwebung von Leinengarnen

Als Manuskript gedruckt

Springer Fachmedien Wiesbaden GmbH 1956

ISBN 978-3-663-19921-2   ISBN 978-3-663-20265-3 (eBook)
DOI 10.1007/978-3-663-20265-3

Forschungsberichte des Wirtschafts- und Verkehrsministeriums Nordrhein-Westfalen

Gliederung

I. Einleitung . . . . S. 5

II. Aufgabenstellung . . . . S. 7

III. Versuchsgestaltung . . . . S. 7

    1. Kettbaumbremseinrichtungen . . . . S. 7

        a) Vonhand zu regulierende Kettbaumbremsen . . . . S. 8

            1) Kettenbremse . . . . S. 8

            2) Muldenbremse . . . . S. 8

            3) Seilbremse . . . . S. 11

        b) Durch Kettbaumgewicht geregelte Bremsen . . . . S. 11

            1) Kettbaumlagerbremse, System Gosta . . . . S. 11

        c) Selbsttätig arbeitende Kettbaumbremsen . . . . S. 14

            1) Kurtz-Kettablaß- und Bremseinrichtung . . . . S. 14

            2) GF-Kettbaumdämmung . . . . S. 17

    2. Garndaten . . . . S. 19

        a) Kettgarn . . . . S. 19

        b) Schußgarn . . . . S. 20

    3. Webversuche . . . . S. 20

        a) Versuchsgewebe . . . . S. 20

        b) Versuchswebstuhl . . . . S. 21

        c) Kettspannungsmessung . . . . S. 22

            1) Meßeinrichtung . . . . S. 22

            2) Durchgeführte Messungen . . . . S. 24

        d) Kettspannungsregulierung . . . . S. 25

        e) Registrierte Störungen während des Webens . . . . . . S. 26

        f) Schußstreifigkeit . . . . S. 26

        g) Bedienung der Bremsen . . . . S. 27

IV. Versuchsergebnisse . . . . S. 27

    1. Kettspannungsmessungen . . . . S. 27

    2. Kettfadenbruchhäufigkeit und andere Webstuhlstillstände . S. 34

    3. Schußstreifen . . . . S. 42

    4. Bedienung der Bremsen . . . . S. 43

Forschungsberichte des Wirtschafts- und Verkehrsministeriums Nordrhein-Westfalen

   V. Entwicklung neuartiger Kettbaumbremseinrichtungen . . . . S. 46

       1. Valentin-Kettenablaßvorrichtung DBP . . . . S. 47

       2. Güsken-Kettablaßvorrichtung . . . . S. 47

VI. Zusammenfassung . . . . S. 48

__Forschungsberichte des Wirtschafts- und Verkehrsministeriums Nordrhein-Westfalen__

I. Einleitung

Zur Herstellung von Webwaren ist eine der Art des Gewebes angepaßte, mehr oder weniger hohe Kettspannung erforderlich. Als es zu deren Erzielung noch keine geeigneten Kettbaumbremsen gab, erfolgte die Gewebeherstellung vom feststehenden Kettbaum aus. Der Kettbaum wurde dabei durch eine Sperrvorrichtung festgestellt. Nach Fertigung einer bestimmten Gewebelänge wurde die Sperrung des Kettbaumes aufgehoben und ein weiteres Kettstück abgewickelt. Die zum Weben notwendige Spannung der Kette wurde durch Aufwickeln des fertigen Warenstückes erreicht. Der Warenbaum war ebenfalls mit einem Sperrgetriebe versehen, deren Zahnteilung gegenüber der Kettbaumsperrvorrichtung wesentlich feiner ausgebildet war. Noch heute ist die beschriebene Art des Webens mit feststehendem Kettbaum bei Handwebrahmen und auch bei älteren Handwebstühlen anzutreffen.

Dies stufenweise Abwickeln und Nachspannen der Kette hatte den Nachteil, daß bei empfindlicheren Geweben leicht Schußstreifen entstanden, und es wurde schon frühzeitig erkannt, daß für einen gleichmäßigen Gewebeausfall ein kontinuierliches Nachlassen der Webkette erforderlich ist. Verschiedene Ausführungen einer derartigen Kettbaumbremsung wurden entwickelt. Die Bremsung erfolgte zum Beispiel derart, daß der hochgelagerte Kettbaum an einem seiner Enden mit einer Seilscheibe versehen wurde, auf die sich beim Weben ein gewichtsbelastetes Seil aufwickelte. War das Gewicht bis an die Seilscheibe gelangt, mußte es wieder abgewickelt werden. Nachteilig mußten die dabei in Kauf zu nehmenden Arbeitsunterbrechungen empfunden werden.

Es wurde deshalb eine Kettbaumbremsung mittels Seilreibung angewandt, die nicht nur am Handwebstuhl, sondern auch heute noch an mechanischen Webstühlen anzutreffen ist. Auf die Wirkungsweise dieser Bremse wird im Verlauf der Ausarbeitung noch eingegangen. Die Entwicklung des mechanischen Webstuhles ließ weitere Arten der Reibungsbremsen aufkommen, die Kettenbremse und die Muldenbremse, die ebenfalls noch zu besprechen sein werden. Allen diesen Bremsen ist eine mit abnehmendem Kettbaumdurchmesser ansteigende Kettspannung eigen. Deshalb müssen sie zur Erzielung eines gleichmäßigen Gewebeausfalls vom Weber laufend nachreguliert werden. Dies kann durch Anwendung leichterer Bremsgewichte, durch Verringerung der Zahl der Seil- oder Kettenumschlingungen um die Bremsscheiben oder bei Bremsen mit

Forschungsberichte des Wirtschafts- und Verkehrsministeriums Nordrhein-Westfalen

Gewichtshebel durch Verschiebung der Gewichte zum Hebeldrehpunkt geschehen. Die Spannungsregulierung erfolgt dabei gefühlsmäßig. Es bleibt nicht aus, daß sie erst dann von dem Weber vorgenommen wird, wenn bei hoher Spannung die Fadenbruchhäufigkeit ansteigt. Die auftretenden Kettspannungsunterschiede wirken sich dabei ungünstig auf die technologischen Gewebedaten aus, indem Unterschiede in der Gewebebreite und -länge durch abweichende Einarbeitung entstehen.

Zur Herstellung einheitlicher Gewebe hat es daher im Zuge der forschreitenden Mechanisierung der Weberei nicht an Bestrebungen gefehlt, halbautomatisch und automatisch arbeitende Bremsen einzuführen. Schon vor vielen Jahren waren teilweise geeignete Kettbremsen dieser Art auf dem Markt erschienen. Als Beispiel seien die Hattersley-Bremse, die Northrop-Bremse, die vom Schönherr'schen Exzenterstuhl bekannte Differenzialbremse und die verschiedenen Ausführungen negativer Kettbaumregulatoren genannt. Der Einsatz dieser selbsttätigen Bremsen war in den Betrieben der Leinenweberei allerdings noch gering. Erst in den letzten Jahren, in denen Bestrebungen zur Automatisierung der Webstühle und zur Mehrstuhlbedienung aufkamen, rückten sie mehr in den Vordergrund.

Für den nachträglichen Anbau wurden dann auch Typen entwickelt, die den Forderungen nach leichter Montage entsprachen. Es kamen unter anderem verschiedene einfach aufgebaute Kettbaumlagerbremsen auf den Markt. Die Bedienung dieser Bremsen ist einfach, doch ist eine selbsttätige Regulierung der Kettspannung nicht von vornherein gegeben. Einen weiteren Fortschritt bildeten die verschiedenen Konstruktionen der selbsttätig regulierenden Kettablaß- und Bremseinrichtungen, die auch den Forderungen in Bezug auf den nachträglichen Anbau entsprachen. Auf einige derartige Baurichtungen wird in diesem Bericht einzugehen sein.

Mit negativen Kettbaumregulatoren sind heute durchweg die modernen Vollautomaten ausgerüstet. Diese Einrichtungen bewerkstelligen ein schußweises Nachlassen der Kette, ausgelöst durch den auf den Streichbaum ausgeübten Druck der Kettfäden, wobei die Größe der Fortschaltung durch eine Abtastung des Kettbaumdurchmessers geregelt wird. Negative Kettbaumregulatoren sind präzise ausgebildete Einheiten, deren Anbau für jeden Webstuhltyp eine gesonderte Ausführung erfordert, um eine sichere Arbeitsweise zu gewährleisten. Ihr Herstellungspreis ist verhältnismäßig hoch. Es ist aus vorstehenden Gründen erklärlich, daß sie vorwiegend für Vollautomaten und weniger für den nachträglichen Anbau an automatisierte Webstühle in Betracht kommen.

II. Aufgabenstellung

Zur Verbesserung der vielfach heute noch mit älteren Bremssystemen (Ketten- und Muldenbremsen) ausgerüsteten Leinenwebstühle sollte das Verhalten moderner Kettbaumbremsen bei der Leinengarnverarbeitung untersucht werden. Da es sich bei den Leinenwebstühlen um viele Fabrikate handelt, von denen ein großer Teil durch Spulen- oder Schützenwechselautomaten nachträglich automatisiert worden ist, sollten die Vergleichsversuche vorerst nur zwischen Seil-, Ketten- und Muldenbremsen einerseits und einigen neuzeitlichen Anbaubremseinrichtungen andererseits angestellt werden. Negative Kettbaumregulatoren wurden aus den in der Einleitung bereits geschilderten Gründen in die Untersuchungen nicht mit einbezogen. Vor allem sollte geprüft werden, wie sich die Kettfadenbruchfähigkeit bei der Herstellung normaler Gewebedichten verhält, ferner sollte die Wirkung der Bremsen auch bei dichteren Gewebeeinstellungen unter gleichzeitiger Beobachtung der Kettspannungshöhe und des Bereichs ihrer Schwankung untersucht werden.

III. Versuchsgestaltung

1. Kettbaumbremseinrichtungen

Zum Vergleich der bislang üblichen von Hand regulierbaren Kettbaumbremsen und der neuartigen automatisch arbeitenden Bremsen wurden folgende Einrichtungen zu den Untersuchungen herangezogen:

    a) von Hand regulierbare Kettbaumbremsen
        1) Kettenbremse
        2) Muldenbremse
        3) Seilbremse

    b) durch Kettbaumgewicht geregelte Bremsen
        1) Kettbaumlagerbremse, System Gosta

    c) selbsttätig arbeitende Kettbaumbremsen
        1) Kurtz- Kettablaß- und Bremseinrichtung
        2) GF-Kettbaumdämmung

Forschungsberichte des Wirtschafts- und Verkehrsministeriums Nordrhein-Westfalen

Zwei weitere automatisch arbeitende Kettbaumbremseinrichtungen, Fabr. J. Güsken und C. Valentin, konnten, da ihre Entwicklung zu Beginn der Versuche für Leinenwebstühle noch nicht vollständig abgeschlossen war, nicht in die Versuche mit einbezogen werden. Die beiden erwähnenswerten Einrichtungen werden am Schluß des Berichtes kurz beschrieben. Ihre Beurteilung muß zu einem späteren Zeitpunkt erfolgen.

Die unter a bis c aufgeführten Bremseinrichtungen werden nachstehend ausführlich beschrieben.

a) Von Hand zu regulierende Kettbaumbremsen

1) K e t t e n b r e m s e

Als eine der ältesten Bremsen kann die Kettenbremse angesehen werden. Die Bremsung des Kettbaumes erfolgt hierbei beidseitig durch Ketten, die mit ihrem einen Ende an der hinteren Webstuhltraverse befestigt, mit dem anderen Ende nach mehrmaligem Umschlingen der Kettbaumbremsscheiben durch Gewichtshebel belastet sind. Diese sind als einarmige Hebel ausgebildet und zur Veränderung des Hebelarms mit Kerben versehen, in welche die Bremsgewichte eingehängt werden. Die erforderliche Veränderung des Bremsmoments im Verlauf des Webens erfolgt durch Verhängen der Bremsgewichte. Die Lagerung des Kettbaums erfolgt in seitlich an den Webstuhlwänden angeschraubten Gleitlagern. Die Anordnung dieser Bremse ist aus Abbildung 1 ersichtlich.

2) M u l d e n b r e m s e

Bei dieser Bremsenart handelt es sich um eine einfache, gewichtsbelastete Reibungsbremse. Der Kettbaum ist beidseitig mit Bremsscheiben versehen, die in Bremsmulden gelagert sind, welche mit dem Webstuhlgestell fest verschraubt sind. Die oberen Bremsscheibenhälften werden von Stahlbändern umspannt. Diese sind einerseits mit dem Webstuhlgestell fest verbunden, während sie mit dem anderen Ende in Bremshebeln eingehängt sind. Die Bremshebel sind, wie bei der Kettenbremse, als einarmige Hebel an den Außenenden der hinteren Webstuhltraverse gelagert und werden mit verstellbaren Bremsgewichten belastet. Zur Erzielung einer gleichmäßigen Bremsung wurden für den Versuch mit Filztuch ausgestattete Bremsmulden und Bremsbänder benutzt. Die Bremsstärke ist derart einzuregulieren, daß die Gewichte bei vollem Kettbaum weit vom Drehpunkt aufzuhängen sind, so daß sie mit Abnahme des Kettdurchmessers nach und nach zum Gewichtshebeldrehpunkt verlegt werden können. Die Bremse ist in Abbildung 2 dargestellt.

Forschungsberichte des Wirtschafts- und Verkehrsministeriums Nordrhein-Westfalen

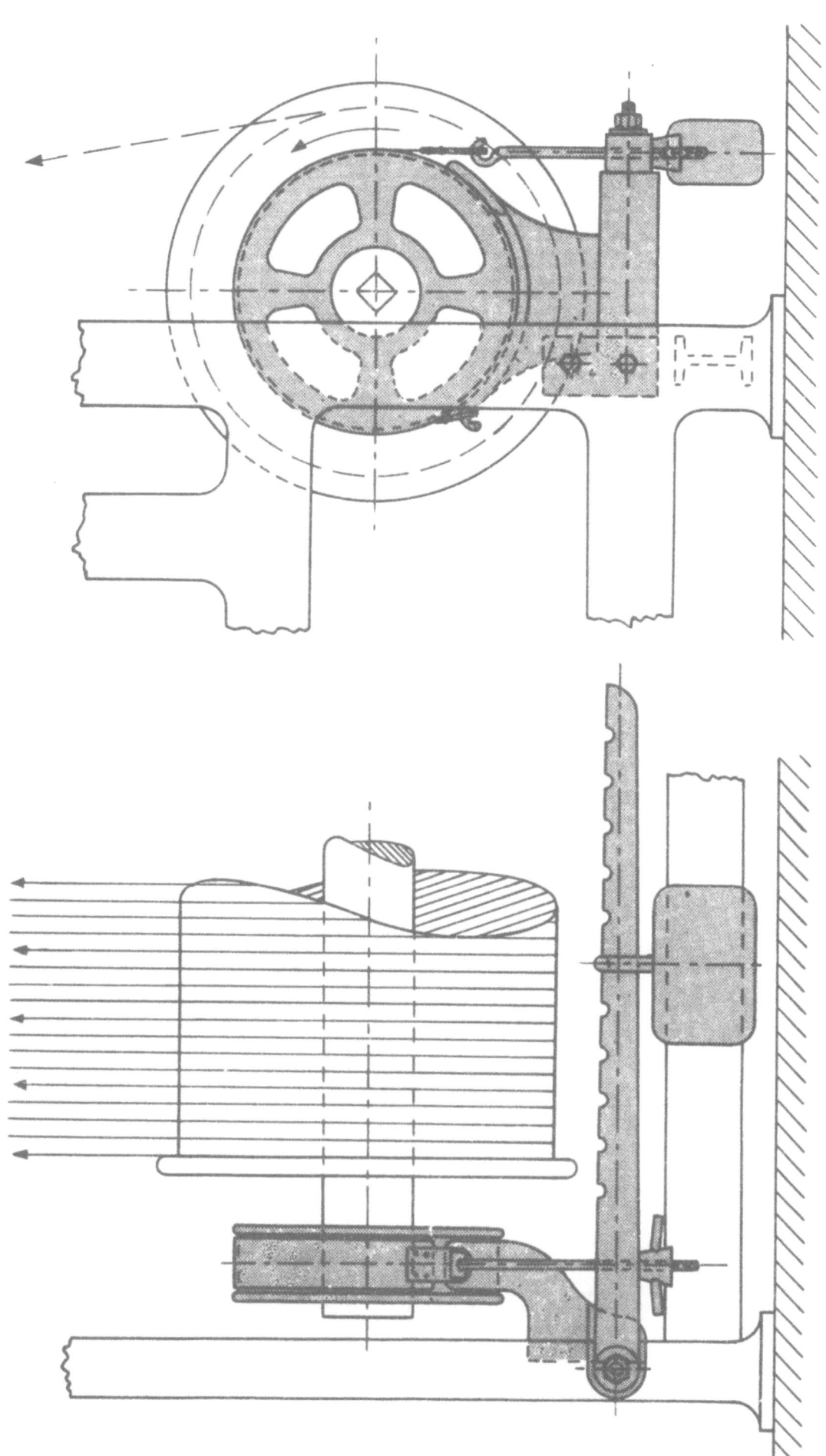

Abbildung 2
Kettbaumbremsen, Muldenbremse

Forschungsberichte des Wirtschafts- und Verkehrsministeriums Nordrhein-Westfalen

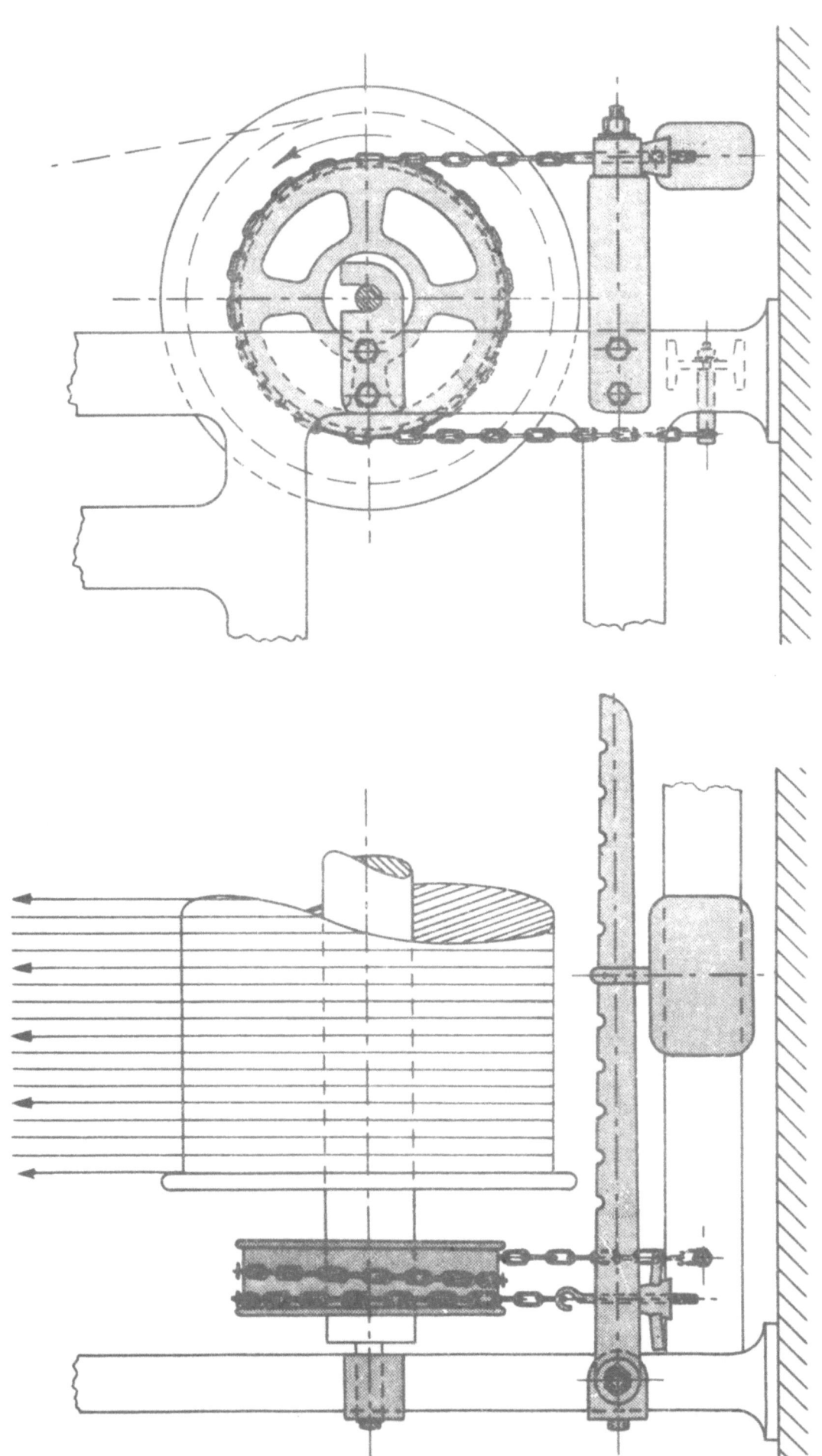

Abbildung 1
Kettbaumbremsen, Kettenbremse

Forschungsberichte des Wirtschafts- und Verkehrsministeriums Nordrhein-Westfalen

3) Seilbremse

Es wurde eine Seilbremse nach dem Prinzip der Gegengewichtsbremse, wie in Abbildung 3 gezeigt, für die Versuche herangezogen. Der Kettbaum wird bei dieser Bremsanordnung, um die Lagerreibung gering zu halten, zweckmäßig mit Zapfen versehen, die in seitlich vorgesehenen Lagern laufen. Über beidseitig mit dem Kettbaum festverbundene Bremsscheiben werden 2 bis 3 mal Seile geschlungen, deren Enden jeweils verschieden stark belastet werden. Die nach außen liegenden, durch eine Gewichtsstange verbundenen Enden müssen stärker als die nach innen zu angeordneten Seilenden belastet werden. Die Höhe der Kettspannung richtet sich nach der Differenz der Gewichtsbelastungen. Bei einer Vordrehung des Kettbaumes infolge Anspannung der Kettfäden wird durch Mitnahme beider auf den Bremsscheiben liegenden Seile, die mit den schweren Gewichten verbundene, nach außen liegende Gewichtsstange soweit gehoben, bis die entgegengesetzt angeordneten leichteren Gewichte auf dem Boden aufstoßen. Dies bedingt ein Lokkern der die beiden Bremsscheiben umschlingenden Seile in der Weise, daß sich die äußeren schwereren Gewichte wieder in ihre Ausgangsstellung nach unten bewegen, womit der Kettbaum wieder die zu Anfang vorhandene Bremsung (Gewichtsdifferenz) erhält. Dieses Spiel wiederholt sich periodisch mit der Kurbelwellenumdrehung. Die Anpassung der Bremshöhe an den Durchmesser des Kettbaumes erfolgt durch Veränderung der Gewichtsstangenbelastung.

b) Durch Kettbaumgewicht geregelte Bremsen

1) Kettbaumlagerbremse, System Gosta

Die selbstregulierende Wirkung der Gosta-Kettbaumlagerbremse ist durch unterschiedliche Reibung zwischen Bremsscheiben und Bremsbelägen bedingt, die durch die Gewichtsverminderung des Kettbaumes im Verlauf des Abwebens der Kette hervorgerufen wird. Nachregulierung der Bremsung soll bei der Gosta-Bremse selten erforderlich sein. Die Konstruktion ist aus Abbildung 4 ersichtlich. Der Kettbaum ist beidseitig mit aufschiebbaren Bremsringen (1) versehen. Eine feste Verbindung zwischen Kettbaum und Bremsringen wird durch Mitnehmer (2) erreicht. Die Bremsringe werden jeweils durch drei Bremsbacken (3) umfaßt, die in Bremsbügeln (4) lagern, welch letztere an mit den Webstuhlseitenwänden fest verbundenen Befestigungsplatten (5) angebracht sind. Die Bremsbügel sind um einen Zapfen (6) schwenkbar, um Verkantungen des Kettbaumes, wie diese bei starr mit dem

Forschungsberichte des Wirtschafts- und Verkehrsministeriums Nordrhein-Westfalen

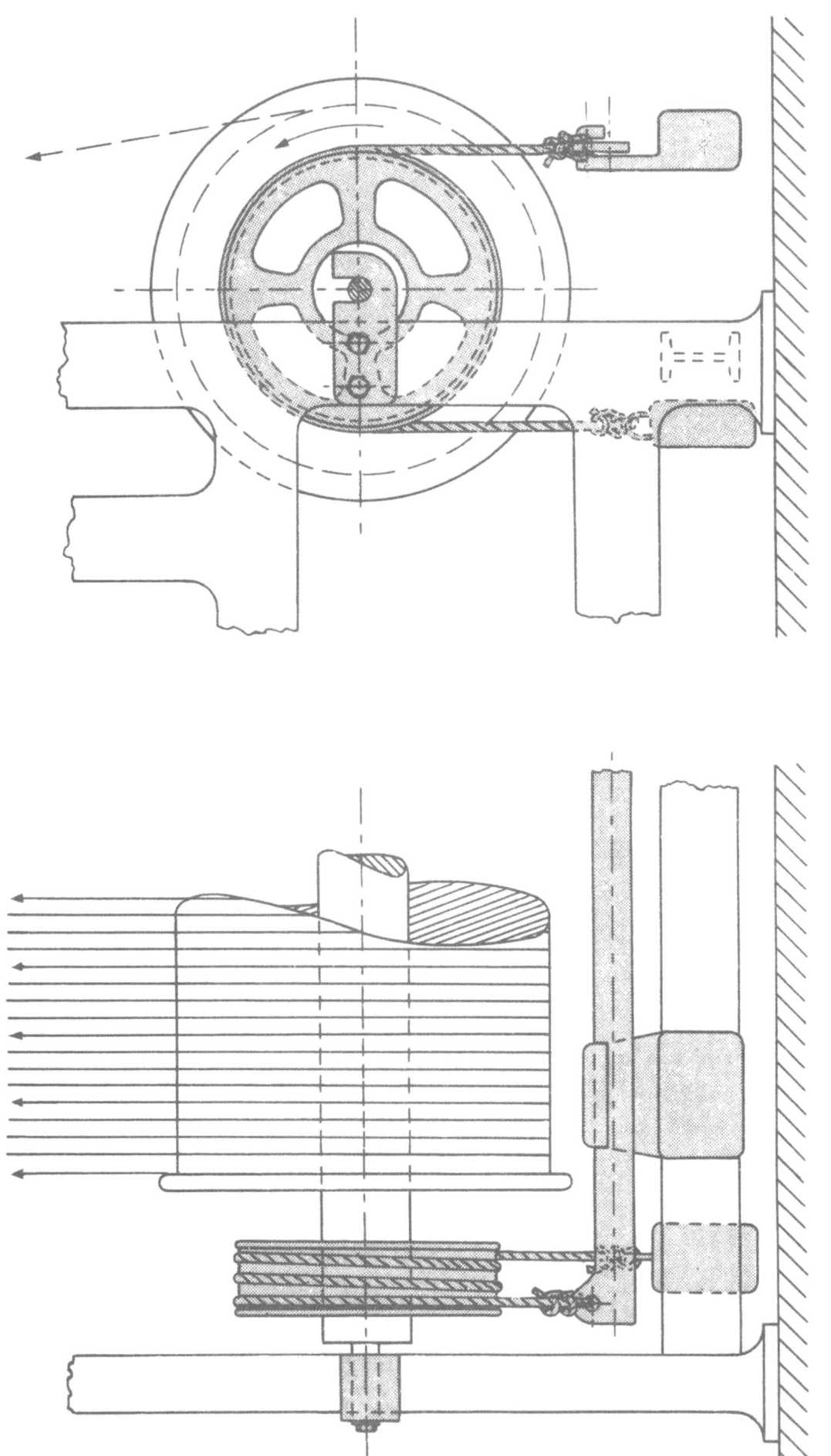

Abbildung 3
Kettbaumbremsen, Seilbremse

Forschungsberichte des Wirtschafts- und Verkehrsministeriums Nordrhein-Westfalen

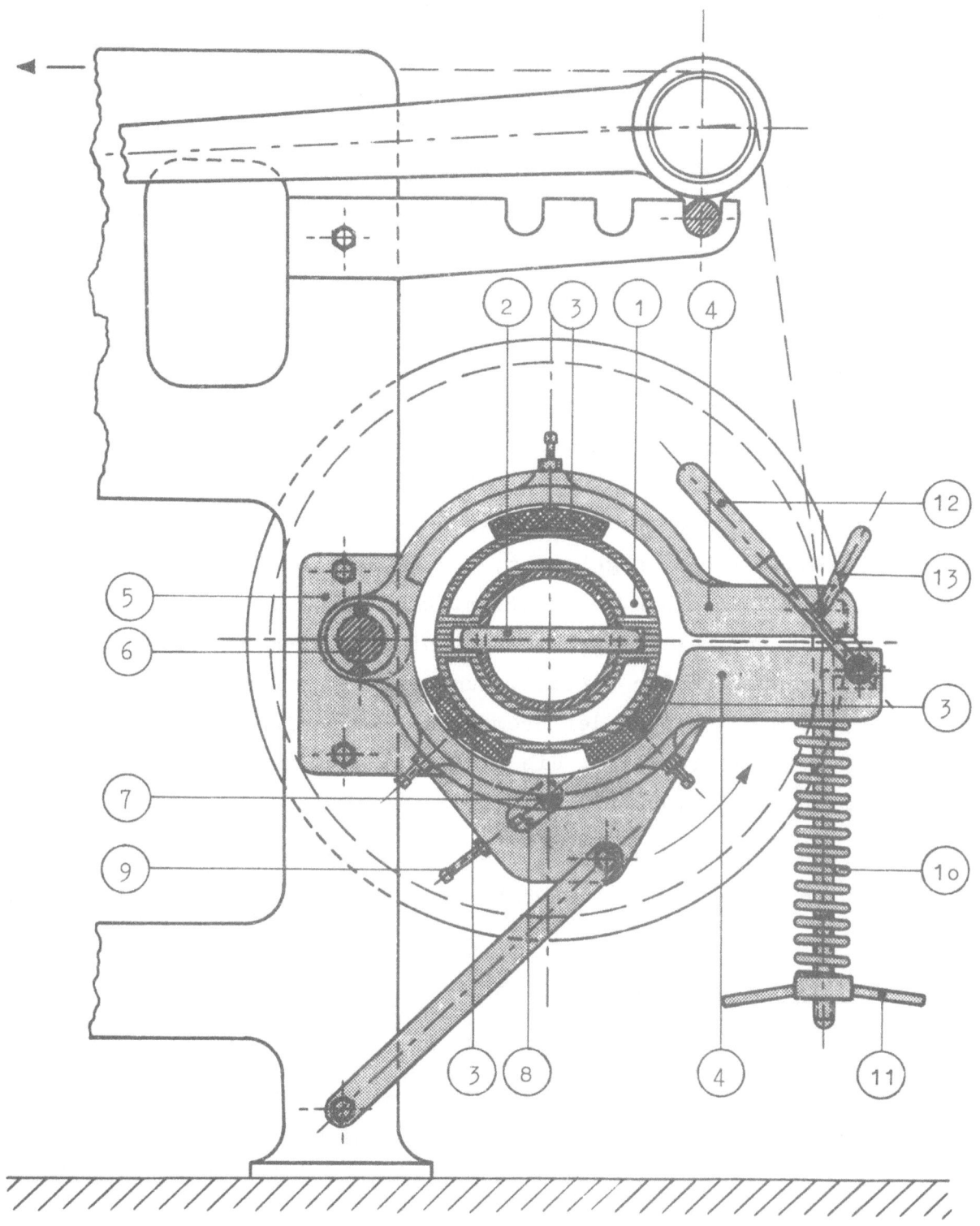

Abbildung 4
Kettbaumbremsen, Gosta-Kettbaum-Lagerbremse

Webstuhlgestell verbundenen Webstuhllagern vorkommen und Anlaß zu ungleichmäßigen Kettspannungen geben, zu vermeiden. Die Schwenkbarkeit wird durch

Forschungsberichte des Wirtschafts- und Verkehrsministeriums Nordrhein-Westfalen

in den unteren Bremsbügeln angebrachte Bolzen (7) begrenzt, die sich in Kulissen (8) der Befestigungsplatten (5) bewegen können. Mit Muttern gesicherte Stellschrauben (9) erlauben, die Größe der Beweglichkeit des Kettbaumes auf ein bestimmtes Maß einzustellen. Die unteren Bremsbügel nehmen je zwei Bremsbacken, die oberen Bremsbügel nur je eine auf. Alle Bremsbacken sind auf Kugelgelenken beweglich angeordnet. Als Bremsmittel dient Bremsit, ein als widerstandsfähig bekanntes Material. Für ein Nachstellen der Bremsbacken, das lediglich in großen Zeiträumen erfolgen muß, sind Stellschrauben vorgesehen. Zum Ein- und Auslegen des Kettbaumes sind die oberen Bremsbügel umklappbar. Die Stärke der Bremsung wird durch Druckfedern (10) erreicht, die unterhalb der unteren Bremsbügel angebracht, über durchgehende mit Gewinden versehene Bolzen, die oberen und unteren Bremsbügel zusammendrücken. Handliche Flügelmuttern (11) erlauben, die Druckfedern mehr oder weniger zu spannen. In den unteren Bremsbügeln sind Spannhebel (12) angebracht, die je nach Stellung die Druckkraft der Federn aufheben bzw. herstellen. Dies ist gegenüber der mühseligen Entlastung und Belastung bei den einfachen Bremsen zweifellos ein nicht zu unterschätzender Vorteil. Zum Aufklappen der oberen Bremsbügel ist außer dem Entspannen der Bremse das Herausziehen der sogenannten Vorstecker (13) erforderlich, die die Verbindung zwischen dem Federbolzen und dem oberen Bremsbügel bewirken.

Wie bereits erwähnt, soll die Regulierung der Bremswirkung während des Webens sich durch das abnehmende Gewicht des Kettbaumes selbsttätig vollziehen.

c) Selbsttätig arbeitende Kettbaumbremsen

1) Kurtz-Kettablaß- und Bremseinrichtung

Die Kurtz-Kettablaß- und Bremseinrichtung arbeitet mittels Kettspannungsabfühlung selbstregulierend. Komplizierte Vorrichtungen, wie diese vom negativen Kettbaumregulator her bekannt sind, werden vermieden. Das Grundprinzip der Einrichtung besteht darin, daß bei zu geringem Druck der Kettfäden auf den Streichbaum der Kettbaum durch eine Backenbremse blockiert, bei zu hohem Druck hingegen freigegeben wird und entsprechend nachgeben kann.

Die für die Versuche benutzte Einrichtung ist in Abbildung 5 dargestellt. Anordnung und Wirkungsweise sind wie folgt:

Forschungsberichte des Wirtschafts- und Verkehrsministeriums Nordrhein-Westfalen

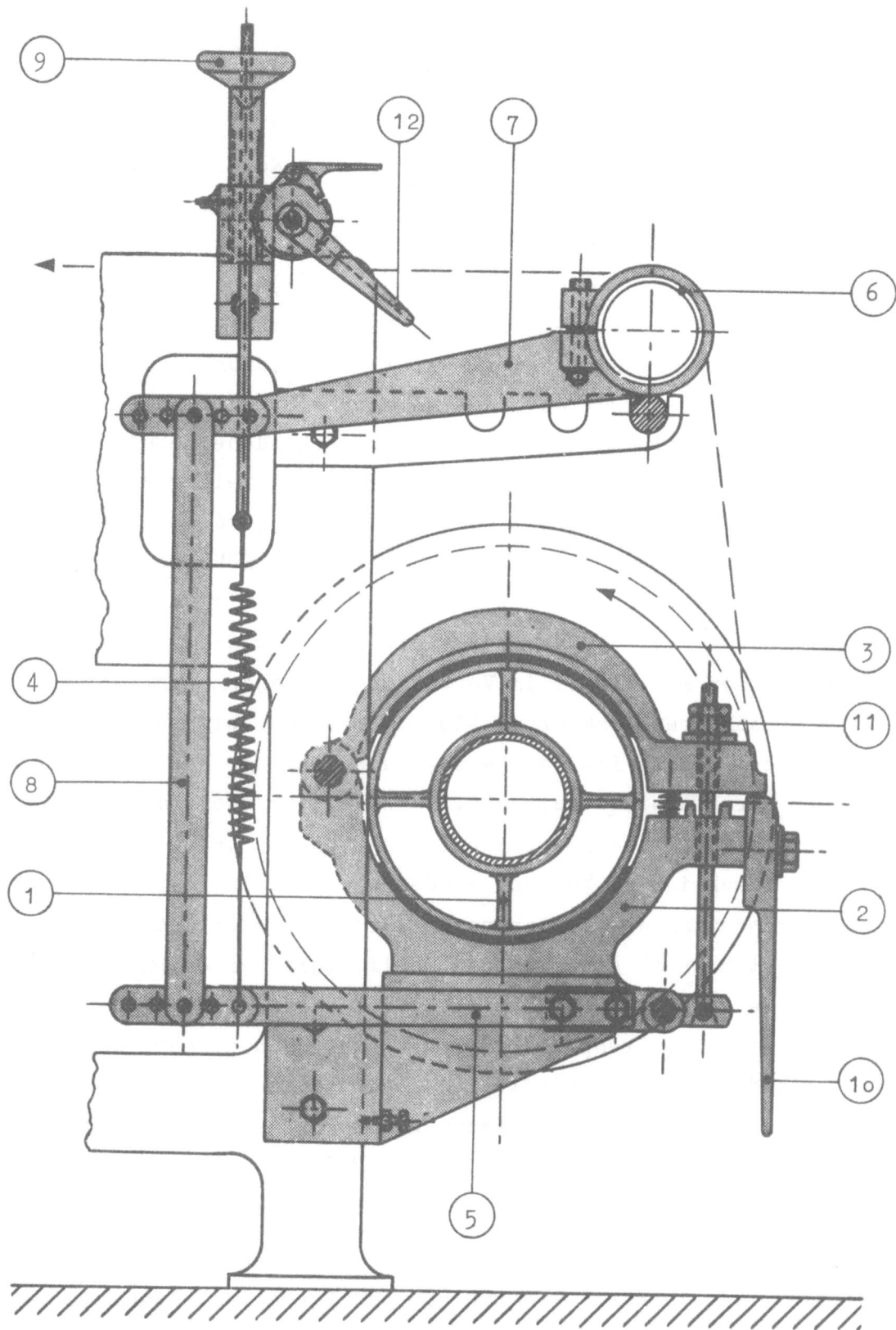

Abbildung 5
Kettbaumbremsen, Kurtz -Kettablaß- u. Bremseinrichtung

Der Kettbaum wird einseitig in einem einfachen Gleitlager, das zum Herausnehmen des Kettbaumes aufklappbar ist, gelagert. Die andere Seite des Kettbaumes, die mit einer Bremsscheibe (1) versehen ist, liegt in einer am Webstuhlgestell angeschraubten Backenbremse, bestehend aus einer feststehenden Mulde (2) und umklappbarem Bremslagerdeckel (3), die beide mit einem Bremsbelag ausgestattet sind. Der Bremslagerdeckel (3) wird von einer Zugfeder (4) über einen zweiarmigen Hebel (5) derart fest gegen die in der Bremsmulde (2) liegende Bremsscheibe (1) gedrückt, daß die Scheibe in Anbetracht der großen Bremsfläche blockiert ist. Während des Webvorganges wird die Bremsung bei erhöhter Kettspannung kurzzeitig dadurch freigegeben, daß der exzentrisch gelagerte Streichbaum (6) von dem Druck der Kettfäden verdreht und der mit ihm verbundene Hebelarm (7) über einen Zwischenhebel (8) den zweiarmigen Heben (5) soweit gegen die Zugfederspannung der Feder (4) bewegt, daß der Bremslagerdeckel (3) gelüftet und die Blockierung der Bremse aufgehoben wird. Die Höhe der Kettspannung, bei der die Bremsblockierung gelöst wird, ist durch ein Handrad (9) einzuregulieren. Das Handrad (9) verändert die Stellung einer Gewindespindel und die Spannung der mit dieser in Verbindung stehenden Zugfeder (4). Die Lösung der Bremsscheibenblockierung bleibt bestehen, bis so viel Kettmaterial freigegeben worden ist, daß wieder eine geringe Kettspannung gemäß dem vorherigen Normalzustand herrscht. Dann hat der zweiarmige Hebel (5) seine Ausgangsstellung wieder erreicht, Bremsscheibe und Kettbaum sind blockiert. Der beschriebene Vorgang wiederholt sich in rhythmischer Folge. Außer einer Veränderung der Kettspannung durch Be- oder Entlastung der Zugfeder (4) besteht noch eine weitere Möglichkeit der Spannungsbeeinflussung durch Verstellung des Hebels (7) zum Streichbaum (6). Durch einfaches Umlegen eines im Drehpunktbereich exzentrisch ausgebildeten Handhebels (10) ist der Bremslagerdeckel (3) anzuheben und ein Drehen des Kettbaumes möglich. Bei hohen Kettfadenspannungen ist vorher durch Betätigen des Hebels (12) eine Entlastung der Feder (4) möglich und zweckmäßig. Nach Lösen der Muttern (11) ist der Bremslagerdeckel (3) hochklappbar.

Im allgemeinen wird die Kurtz -Kettablaß- und Bremseinrichtung einseitig vorgesehen. Für sehr hohe Kettspannungen ist eine doppelseitige Anordnung angebracht.

Forschungsberichte des Wirtschafts- und Verkehrsministeriums Nordrhein-Westfalen

2) GF - Kettbaumdämmung

Eine ebenfalls einfache, automatisch arbeitende und an jedes Webstuhlmodell leicht anbaubare Kettbaumbremse ist die in Abbildung 6 dargestellte GF-Kettbaumdämmung. Es handelt sich bei dieser Einrichtung um eine mit dem Kettbaum einseitig durch einen besonders ausgebildeten Mitnehmer in Verbindung stehende Bremsscheibe (1), die von einem mit Spezialbremsbelag versehenem Bremsband (2) abgebremst wird. Die Bremsscheibe läuft auf zwei großen Kugellagern, deren Verwendung nicht nur einen für die Gleichmäßigkeit der Bremsung einwandfrei runden Lauf der Bremsscheibe gewährleisten, sondern auch das Abschmieren mit den Gefahren einer Verölung der Bremsfläche erübrigen soll. Die Kugellager sind in einem mit dem Webstuhlgestell fest verschraubten Gehäuse (3) untergebracht. Das geteilte Bremsband wird durch eine Druckfeder (4) vermittels eines Gewindebolzens (5) an die Bremsscheibe gedrückt. Eine Flügelmutter (6) gestattet den Federdruck einzustellen. Ein zwischengeschalteter, bequem zu bedienender Spannhebel (7) erlaubt, das Bremsband zu lösen. Zum Zurückdrehen des Kettbaumes dient ein auf dem Mitnehmerdorn (8) sitzender Spannhebel (9). Zur Verbindung des Bremsbandes mit dem Bremsgehäuse ist unterhalb des Spannhebels eine Kettenverbindung (1o) vorgesehen. Um bei abnehmendem Kettbaumdurchmesser die Kettspannung in konstanter Höhe zu halten, ist das eine Ende des bereits erwähnten Gewindebolzens (5) mit einem zweiarmigen Hebel (11) verbunden. Dieser Hebel wird über ein Gestänge (12) von einem Fühler (13), der die Kettbaumdicke abtastet, in der Weise beeinflußt, daß bei abnehmendem Kettbaumdurchmesser der Gewindebolzen (5) nachgibt und die Druckfeder (4) allmählich entspannt wird. Damit gehen Bremsstärke und Kettspannung zurück. Eine mittels Kulisse veränderliche Zwischenhebellänge (14) läßt anhand einer Skala das richtige Verhältnis der Bremsänderung bei den verschiedensten Kettgarnnummern und Kettdichteeinstellungen erreichen. Bei dichten, schweren Geweben und sehr breiten Webstühlen kann, da die beschriebene Bremseinrichtung nur einseitig den Kettbaum abbremst, noch eine Verstärkung der Bremswirkung erreicht werden, indem auf dem entgegengesetzten noch freien Kettbaumrohrende eine zusätzliche Bremsscheibe mit Bremsband vorgesehen wird. Dieses ist wie das automatisch beeinflußte ausgebildete, es fehlt lediglich die beschriebene, vom Kettbaumdurchmesser abhängige Regelung. Ein Bremsgehäuse ist nicht erforderlich, das Bad ist mit seiner Kette an der hinteren Webstuhltraverse

Forschungsberichte des Wirtschafts- und Verkehrsministeriums Nordrhein-Westfalen

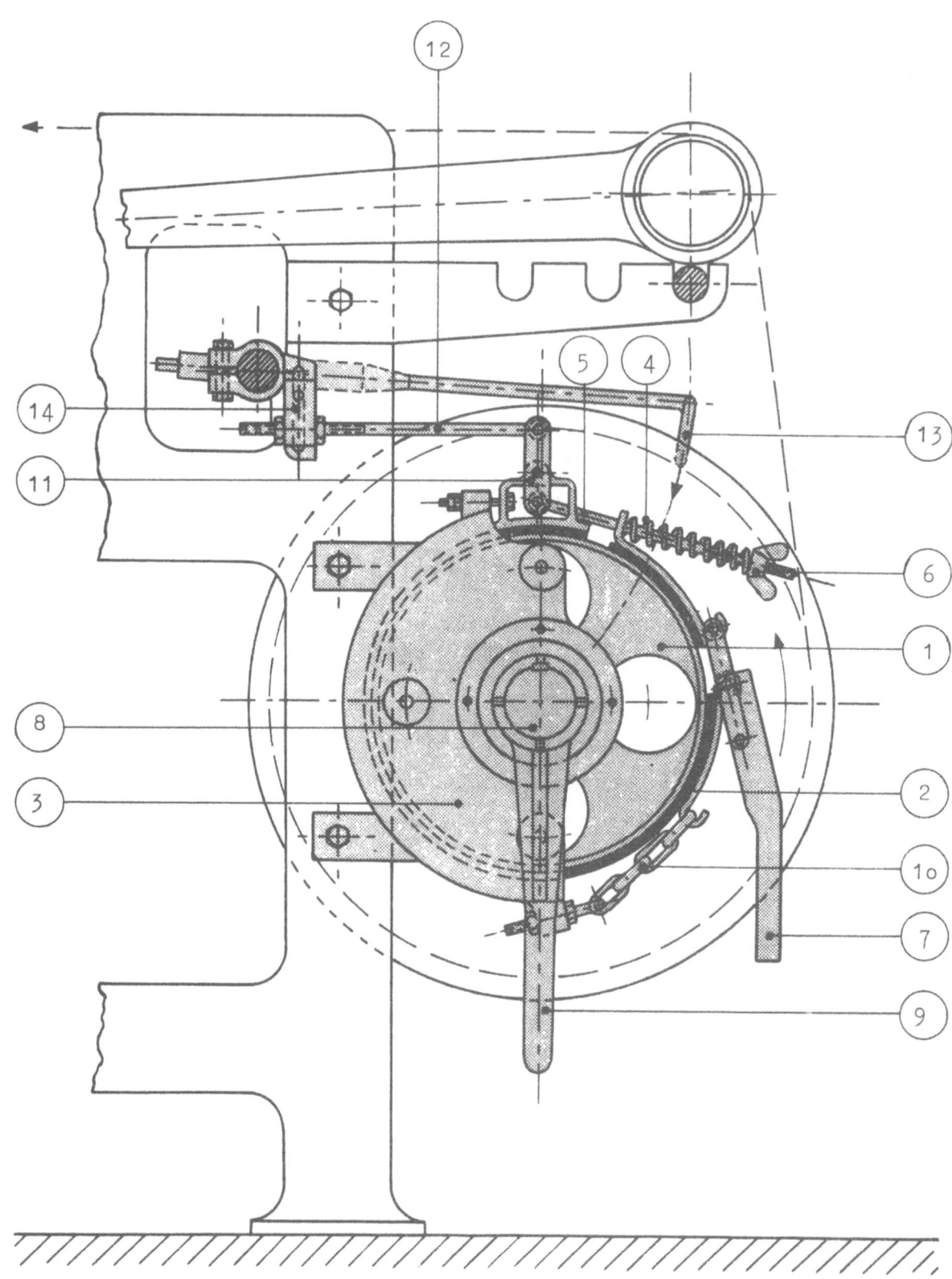

Abbildung 6

Kettbaumbremsen, GF-Kettbaumdämmung

Seite 18

befestigt. Die Einstellung der Bremsstärke erfolgt auch hier über eine mittels Gewindespindel in ihrer Spannkraft veränderliche Druckfeder.

Wie vorstehend erwähnt, bedarf es nach der Bedienungsvorschrift einer Feinanpassung an die jeweils vorhandenen Kettverhältnisse durch eine Veränderung der Einstelleinrichtung (14). Zu der durchzuführenden Nachregulierung ist eine gewisse Beobachtungszeit unerläßlich.

Zusammengefaßt betrachtet, ergeben sich für die einzelnen Bremsen aus ihrer Bau- und Wirkungsweise folgende Möglichkeiten:

Die vonhand im Verlauf des Abwebens nachzuregulierenden Bremsen (Kettenbremse, Muldenbremse, Seilbremse) sind bei erhöhter Kettfadenspannung an sich nachgiebig. Bei der Muldenbremse verhindert allerdings die große Bremsfläche in der Mulde praktisch ein Nachgeben. Bei der Seil- und vermindert bei der Kettenbremse werden demgegenüber die periodischen Spannungsstöße in einem gewissen Maß aufgefangen. Ein mehr oder minder elastisches Verhalten wird dadurch erreicht, daß der Kettbaum nach Abklingen des Spannungsstoßes, entsprechend dem Spiel der Gewichtshebel, wieder zurückgeht.

Die beschriebenen neuzeitlichen Bremsen (Gosta, Kurtz, GF) sind darauf abgestellt, die mit abnehmendem Kettbaumdurchmesser erforderliche Bremsminderung teilweise oder vollständig selbsttätig herbeizuführen. Die hierzu vorgesehenen Einrichtungen bei den beiden letztgenannten Typen wurden vorstehend eingehend erläutert; bei der erstgenannten Bremse soll die Gewichtsabnahme die gewünschte Bremsregelung bewirken. Gegenüber den periodischen Spannungsstößen ist die GF-Bremse am meisten starr. Bei der Gosta-Bremse kann die schwenkbare Lagerung des Kettbaumes als ausgleichendes Element angesehen werden. Am weitgehendsten kommt die Wirkungsweise der Kurtz-Bremse der Aufnahme periodischer Spannungsstöße entgegen, da hier die die Bremskraft beeinflussende Federspannung über dem beweglichen Streichbaum sowohl von der kontinuierlich ansteigenden als auch der sich periodisch ändernden Kettfadenspannung abhängig ist.

2. Garndaten

<u>a) Kettgarn</u>

Als Kettgarn wurde <u>Flachsgarn Nm 15</u>, 3/4-gebleicht und gestärkt, verwendet. Alle erforderlichen Webketten wurden von diesem Garn, das ein und derselben

Forschungsberichte des Wirtschafts- und Verkehrsministeriums Nordrhein-Westfalen

Spinnpartie entstammte, hergestellt, um einwandfreie Vergleichsmöglichkeiten zu schaffen. Eine Prüfung des Kettgarnes nach den DIN-Vorschriften 53 801 und 53 802, allerdings mit 10 s Reißdauer, ergab unter Auswertung von 120 Garnreißungen folgendes Ergebnis. Die einzelnen Garnfäden wurden einem Schärband entnommen, um einen guten Durchschnitt zu erhalten.

Metr. Nummer	(Nm)	17,3
Mittl. Festigkeit	(g)	988
Ungleichmäßigkeit	(%)	17,4
Reißlänge	(km)	17,1
Dehnung	(%)	2,05

Unter Einbeziehung der durch die 3/4-Bleiche eingetretenen prozentualen Änderungen des Gewichts- und Festigkeitsverlustes ist das Kettgarn nur als Qualität Ia Schuß einzustufen. Diese zur Verwendung als Kettgarn im allgemeinen nicht ausreichende Garnqualität wurde für die Versuche in Kauf genommen, um Unterschiede in der Kettfadenbruchhäufigkeit bei Benutzung der verschiedenen Kettbaum- und Bremssysteme auch bei geringen Schußdichten klarer herausstellen zu können.

b) Schußgarn

Als Schußgarn stand <u>Flachswerggarn Nm 15</u>, 3/4-gebleicht, zur Verfügung. Die Prüfung einer Vielzahl von Schußspulen ergab bei 120 Reißungen nach den unter 1) angegebenen Vorschriften folgende Werte:

Metr. Nummer	(Nm)	16,7
Mittl. Festigkeit	(g)	768
Ungleichmäßigkeit	(%)	17,2
Reißlänge	(km)	12,8
Dehnung	(%)	1,71

Das Garn ist nach diesen Daten bei 3/4-Bleiche als Qualität Ia Schußgarn zu bezeichnen.

3. Webversuche

a) Versuchsgewebe

Die unter 2. aufgeführten Kettgarne wurden zu 6 Ketten von je 150 m Länge mit je 1980 Fäden verarbeitet, so daß für die zu prüfenden Kettbaumbremsen in den Abmessungen völlig gleiche Kettbäume zur Verfügung standen.

Der Kettbaumrohrdurchmesser betrug 11o mm, der größte Bewicklungsdurchmesser zu Beginn jedes Versuches 18o mm. Die nur mit verhältnismäßig wenig Garn bewickelten Kettbäume wurden großen, stärker bewickelten vorgezogen zur Beschränkung der Versuchsdauer und wegen der sich gerade bei kleinen Baumdurchmessern schnell ändernden Kettspannungsverhältnisse.

Bei gleichbleibender Kettdichte wurden alle 6 Versuche mit zwei unterschiedlich hohen Schußdichten vorgenommen, um auch das Verhalten der Bremseinrichtungen bei Schußdichteänderung kennenzulernen. Die Gewebeeinstellung wurde für das Rohgewebe wie folgt festgelegt:

15 Fd/cm in der Kette
14 bzw. 21 Fd/cm im Schuß,

entsprechend rel. Dichten von 3,61 in der Kette und von 3,43 bzw. 5,14 im Schuß.[x]

Zur Erzeugung einer ca. 132 cm breiten Rohware war eine 137 cm breite Einstellung im Webblatt erforderlich.

b) Versuchswebstuhl

Die Versuche wurden auf einem mittelschweren, verbesserten Wilson-Unterschlagwebstuhl mit Innentritteinrichtung, Festblatt und beweglichem Streichbaum, höchste Gewebeeinstellbreite 15o cm, vorgenommen. Die mittlere Kurbelwellendrehzahl betrug 148 je min. Das verwendete Webgeschirr hatte Stahldrahtlitzen mit eingelöteten Stahlmaillons. Der Schußeintrag erfolgte bei dem automatisierten Webstuhl von Hülsenspulen. Die Versuche wurden ohne Benutzung von Teilstäben durchgeführt, der Längenausgleich der Kettfäden bei den verschiedenen Fachverhältnissen erfolgte durch das Gewicht der Kettfadenwächterlamellen.

Geschirr- und Webblatt blieben während der hintereinander durchgeführten Versuche unverändert; die einzelnen Ketten wurden im Webstuhl angeknotet, wodurch gleiche Versuchsverhältnisse vorlagen.

Für jeden der Versuche stand eine volle Arbeitswoche zur Verfügung. Der größte Teil einer Kette (17o ooo Schuß, ca. 12o m Gewebe) wurde mit

---

[x] $$\text{rel. Dichte} = \frac{\text{Fd/cm}}{\sqrt{Nm}}$$

geringer Schußdichte verarbeitet und der kleinere Teil mit hoher Schußdichte (20 000 - 30 000 Schuß, ca. 10 m Gewebe).

Die rel. Luftfeuchtigkeit war Schwankungen unterworfen, die jedoch bei einem Vergleich der einzelnen Kettbremsversuche untereinander als gleichliegend anzusehen waren.

c) Kettspannungsmessung

1) Meßeinrichtung

Zur Überwachung der Kettspannung wurde ein für textile Messungen von H. STEIN entwickeltes magnetelektrisches Fadenspannungsmeßsystem eingesetzt. Das eigentliche Meßelement ist hierbei ein federnder, einseitig eingespannter Meßstab, über dessen äußeres Ende ein Kettfaden geleitet wird. Die gesamte Meßanordnung besteht aus Meßkopf, Netz- und Verstärkergerät sowie einem Diagrammschreiber.

Die durch die Fadenspannung hervorgerufene Durchbiegung des federnden Meßstabes verursacht eine Gleichgewichtsstörung innerhalb von zwei in Brückenschaltung verbundenen Magnetwicklungen, indem die Induktivität der einen Wicklung bei Verlagerung des Federmeßstabes aus der Mittellage vergrößert, die der anderen dagegen verkleinert wird, wodurch ein Ausgleichstrom entsteht. Die Meßbrücke wird mit Wechselstrom von 50 Hz gespeist. Um mit verhältnismäßig kleinen Erregerströmen arbeiten zu können, und dennoch die für den Diagrammschreiber erforderliche Leistung des Ausgleichstromes aufzubringen, ist der erwähnte Röhrenverstärker vorgesehen.

Die durch die verwendete Trägerfrequenz von 50 Hz, durch die Eigenschwingungen des benutzten gußeisernen Stabes sowie durch die Trägheit des Schreibersystems hervorgerufene begrenzte Meßgeschwindigkeit konnte bei den vorgenommenen Kettspannungsmessungen in Kauf genommen werden, da im Versuchsfall für die Beurteilung von Kettbaumbremsen der allgemeine Spannungsverlauf mehr interessiert als die Spiele innerhalb der einzelnen Webstuhlkurbelumdrehungen. Das Prinzipschaltbild der Meßeinrichtung ist aus Abbildung 7 ersichtlich.

Dem Meßstab (1) stehen zwei in seiner Durchbiegerichtung liegende Magnetsysteme (2, 3) derart gegenüber, daß sich im unbelasteten Zustand des Stabes zwischen diesem und den Magnetsystemen gleich große Luftspalten ergeben. Eine durch die Kettspannung verursachte Durchbiegung des Meßstabes

Forschungsberichte des Wirtschafts- und Verkehrsministeriums Nordrhein-Westfalen

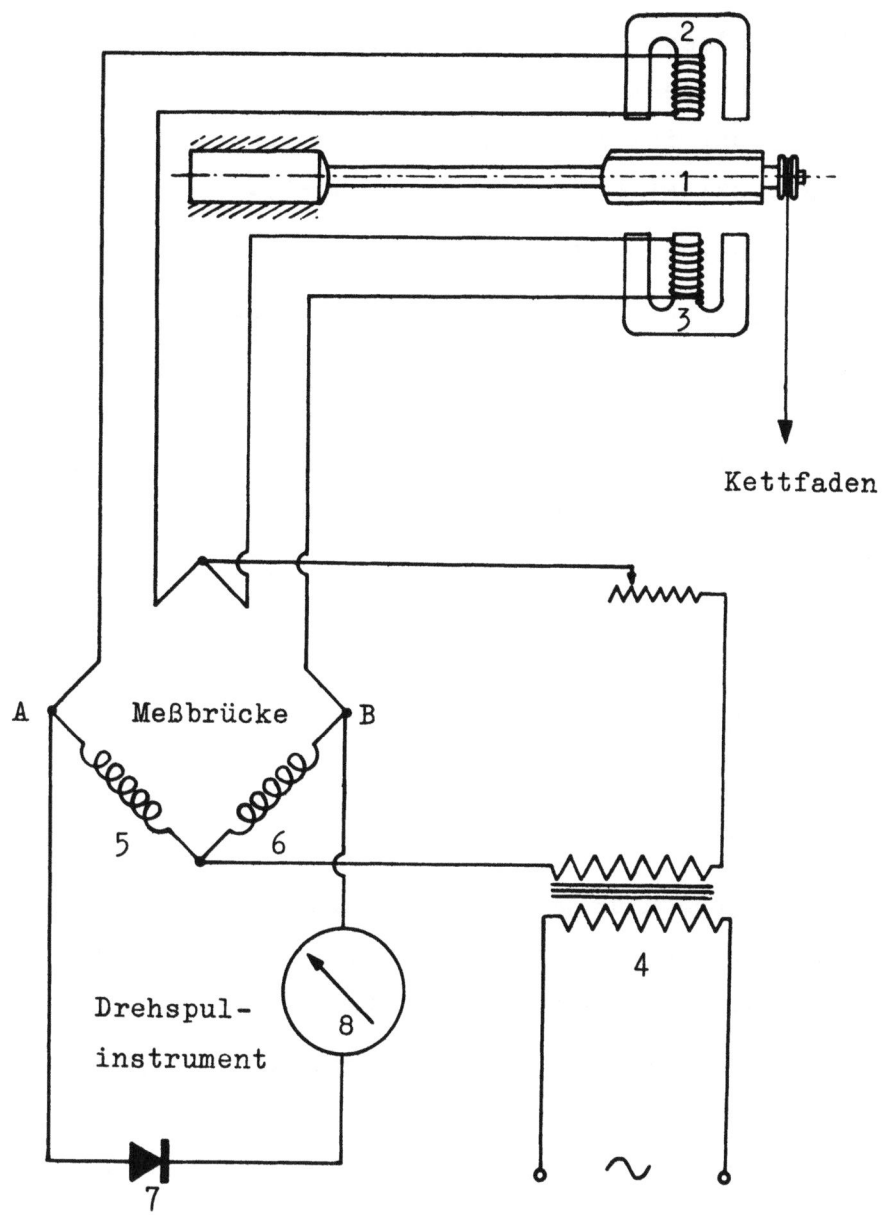

Abbildung 7
Kettbaumbremsen, Spannungs-Meßprinzip

verändert dieses Verhältnis. Zur Anzeige der Luftspaltänderungen sind die beiden über einen Netztransformator (4) mit Wechselstrom gespeisten Magnetsysteme (2, 3) mit den Wicklungen (5, 6) einer Drosselspule in Brückenschaltung zusammengeschaltet. Eine Luftspaltänderung läßt die in den Magnetspulen (2, 3) fließenden Ströme unterschiedliche Werte annehmen, wodurch zwischen den Brückenpunkten A und B eine Meßspannung entsteht. Die Aufzeichnung des Ausgleichsstromes, welcher der Stabdurchbiegung und damit der zu messenden Kettfadenspannung entspricht, erfolgt über einen Gleichrichter (7) durch ein mit Drehspulsystem ausgerüstetes

AEG-Schreibgerät (8), dessen Papiervorschub mittels Federwerk bzw. durch Elektroantrieb vor sich geht. Mit Rücksicht auf die nur geringe zur Verfügung stehende Leistung ist im Stromkreis des Schreibgerätes noch ein Röhrenverstärker geschaltet (nicht eingezeichnet).

2) Durchgeführte Messungen

Alle durchgeführten Messungen wurden in einheitlicher Anordnung des Meßkopfes hinter dem Webstuhl vorgenommen, wobei die Spannung eines einzelnen, dem ersten Webschaft zugehörigen Kettfadens, etwa in der Mitte der Gewebebahn zwischen Kettbaum und Streichbaum, kontrolliert wurde. Die Messungen erfolgten für jedes Bremssystem viermal, und zwar:

> Bei einer Schußdichte von 14 Fd/cm:
> zu Beginn der Webperiode,
> in der Mitte der Webperiode,
> am Ende der Webperiode,
>
> bei einer Schußdichte von 21 Fd/cm:
> zu Beginn der Webperiode.

Um die Meßergebnisse größenmäßig bestimmen zu können, wurde der Meßstab in geeigneter Weise mit Gewichten belastet und die erhaltenen Ausschläge des Schreibgerätes auf dem Diagrammpapier als Eichmaßstab aufgetragen.

Bei jeder Messung wurde mit zwei Diagrammpapiergeschwindigkeiten gearbeitet, mit 30 mm/min (erreichbar durch ein im Schreibgerät vorhandenes Uhrwerk) und mit 120 mm/min (erreichbar durch einen gesonderten aufsteckbaren Vorschubmotor).

Die aufgezeichneten Kettspannungskurven wurden statistisch ausgewertet. Hierbei wurden die mittlere Höhe der Fadenspannung, die mittlere Größe der Spannungsspiele sowie deren Standardabweichungen und Variationskoeffizienten herangezogen.

Von jeder der aufgezeichneten Spannungskurven wurde die beim Weben vorherrschende <u>mittlere Höhe der Kettfadenspannung</u> in g als arithmetisches Mittel berechnet. Hierzu wurden die mit kleinem Papiervorschub aufgenommenen Kurven herangezogen. Die Auswertung der Kurven erfolgte derart, daß nacheinander von ca. 60 Kurvenstücken mit je 5 mm Länge, die jeweils etwa 25 Kurbelwellenumdrehungen des Webstuhles (= 10 s Dauer) entsprechen, die Mittelwerte der aufgezeichneten Spannung ($x_1, x_2 \ldots x_n$) festgestellt wurden.

Gesamtmittelwert:

$$x_M = \frac{x_1 + x_2 + \ldots x_n}{n} \quad (g)$$

Die Mittelwerte x_n sind somit aus Messungen von je 10 min Dauer hervorgegangen.

Zur Darstellung der Schwankungen, denen die Höhe der Kettfadenspannung unterlag, wurde die quadratische Abweichung (Standardabweichung) der Spannungseinzelmittelwerte (x_1 bis x_n) in g und in % des Gesamtmittelwertes (Variationskoeffizient) errechnet.

Standardabweichung:

$$s = \sqrt{\frac{(x_1-x_M)^2 + (x_2-x_M)^2 + \ldots (x_n-x_M)^2}{n-1}} \quad (g)$$

Variationskoeffizient:

$$V = \frac{s}{x_M} \cdot 100 \quad (\%)$$

In den aufgeführten Formeln bedeuten:

$x_1, x_2, \ldots x_n$ = Einzelmittelwerte der Spannung
x_M = Spannungsgesamtmittelwert
n = Anzahl der Spannungseinzelmittelwerte (ca. 60)
s = Standardabweichung
V = Variationskoeffizient

Nach dem gleichen Verfahren, wie es zur Ermittlung der Kettfadenspannung angewandt worden war, wurde auch die mittlere Größe der Spannungsspiele berechnet, wobei es wiederum erforderlich war, an kleinen Kurvenlängen (5 mm) einzelne Mittelwerte der Spannungsspiele festzustellen. Auch hierbei wurde neben dem Gesamtmittelwert die Standardabweichung und der Variationskoeffizient errechnet.

d) Kettspannungsregulierung

Die mittlere Kettspannung wurde bei allen Versuchen auf gleicher Höhe gehalten, soweit dies bei den großen Spannungsschwankungen und der Kontrollmöglichkeit an einem einzelnen Faden erreichbar war. Die Spannung wurde verhältnismäßig hoch eingestellt, um anhand einer größeren

Kettfadenbruchhäufigkeit ein unterschiedliches Verhalten der Kettbaumbremsen nach kurzer Versuchsdauer erkennen zu können.

Die nicht selbsttätig regulierenden Bremsen, die Kettenbremse, Muldenbremse und Seilbremse wurden während des Webens vom Weber unter Berücksichtigung der Spannungsmessung nachgeregelt. Bei der Gosta-, Kurtz- und Fischerbremse erfolgte keine Nachregelung. Nur in Fällen, in denen die Kettspannungsmessung, die in der Mitte der Webperiode mit 14 Fd/cm vorgenommen wurde, eine von der Grundeinstellung starke Abweichung zeigte, wurde eine Nachregulierung vorgenommen. Bei Beginn des mit 21 Schußfäden/cm herzustellenden Gewebes wurde bei allen zu prüfenden Bremssystemen die Spannungsgrundeinstellung von neuem vorgenommen.

e) Registrierte Störungen während des Webens

Die Häufigkeit der durch die Kette verursachten Störungen steht mit der Kettbaumbremsung und damit mit der Kettspannung im Zusammenhang. Zur Beurteilung der verschiedenen Kettbremssysteme wurden in erster Linie daher diese Störungen herangezogen. Als einzelne Ursachen der Störungen wurden unterschieden:

> Kettfadenbrüche
>
>> durch Anspinner
>> durch Knoten
>> durch Schäben
>> durch dicke Stellen
>> durch dünne Stellen
>
> Ausweben infolge quergelegter Kettfäden
>
> Störungen im Webschützenlauf infolge quergelegter Kettfäden.

Die festgestellten Stillstände wurden jeweils auf 100 000 Schuß umgerechnet.

f) Schußstreifigkeit

Bei der Herstellung der Versuchsgewebe wurde, wie bereits näher beschrieben, zum größten Teil nur eine geringe Schußdichte eingestellt. Bekanntlich ist gerade bei Geweben mit weniger Schußfäden je cm eine streifenfreie Ware schwerer zu erzielen, als dies bei dicht geschlagenen Waren der Fall ist. Da sämtliche Versuchsgewebe unter Ausschaltung des Spulenwechselautomaten hergestellt wurden, bilden somit Feststellungen über

Schußstreifen bei Schußspulenwechsel eine weitere Beurteilung für Kettbaumbremsen. Ebenso wurden diesbezügliche Beobachtungen nach dem Ausweben getroffen.

g) Bedienung der Bremsen

Die Automatisierung von Webstühlen macht es erforderlich, daß der Weber nach Möglichkeit von allen Nebenarbeiten entlastet wird. Zu diesen Nebenarbeiten gehören auch die Spannungsregulierung an der Webkette und die mit dem Ausweben zusammenhängenden Arbeitsgänge. Die bei den verschiedenen Kettbaumbremsen in dieser Hinsicht gesammelten Eindrücke wurden erfaßt. Ferner wurden die beim Vorrichten der Bremsen gemachten Beobachtungen zusammengestellt.

IV. Versuchsergebnisse

1. Kettspannungsmessungen

Wie bereits angegeben, wurde jede Messung mit zweierlei Diagrammvorschüben vorgenommen. Bei dem großen Vorschub mit 120 mm/min kommen entsprechend der Webstuhltourenzahl von 148/min auf 120 mm Diagrammlänge 148 Kurbelspiele. Die Diagramme zeigen jedoch nur 74 Spitzen. Es handelt sich dabei um die bei Offenfachstellung ergebende Spannung, die offenbar infolge des unsymmetrischen Webfaches nur bei jeder zweiten Kurbelwellenumdrehung auftritt, solange die Messung an nur einem Faden erfolgt. Der Blattanschlag tritt bei der lose eingestellten Ware als Spannungsspitze verhältnismäßig weit zurück und ist in dem Kurvenspiel nicht feststellbar. Hierauf soll nicht näher eingegangen werden; die Messungen dienten in diesem Falle lediglich zur Kontrolle der Bremswirkung bei Einsatz der untersuchten Einrichtungen. Der kleine Vorschub läßt mit 30 mm/min ein engbeschriebenes Diagrammbild entstehen, das einem zusammenhängenden Band gleicht. Zur Auswertung der Meßergebnisse wurden nur die eng aufgezeichneten Bänder herangezogen, wie dies bereits im Abschnitt III erläutert wurde.

In Tabelle 1 sind die Meßergebnisse bei 14 Schußfäden je cm und ihre Auswertung für die einzelnen Bremssysteme und die drei verschiedenen Zeitpunkte der Beobachtung (Anfang, Mitte und Ende des Gewebestückes, Mitte gegebenenfalls vor und nach der Neueinstellung; vergl. Abschnitt III)

Forschungsberichte des Wirtschafts- und Verkehrsministeriums Nordrhein-Westfalen

Tabelle 1

Kettspannungsmessungen bei mittlerer Schußdichte

Bremssystem		Höhe der Kettfadenspannung			Größe der Spannungsspiele		
		Mittel g	Standardabweichung g	Var.-Koeffizient %	Mittel g	Standardabweichung g	Var.-Koeffizient %
Kette	Anfang	96,5	7,6	7,9	58,3	4,4	7,5
	Mitte	75,5	5,5	7,3	49,7	3,5	7,5
	Ende	82,o	7,2	8,8	48,3	4,o	8,2
Mulde	Anfang	8o,o	5,6	7,o	48,4	3,8	7,9
	Mitte	8o,7	13,1	16,2	51,3	5,2	1o,1
	Ende	85,2	13,1	15,4	55,2	5,4	9,7
Seil	Anfang	88,5	8,7	9,8	58,8	5,4	9,1
	Mitte	84,7	9,6	11,4	5o,2	6,3	12,5
	Ende	92,6	6,8	7,3	45,8	3,4	7,5
Gosta	Anfang	9o,4	5,9	6,5	56,5	3,4	6,o
	Mitte	123,5	11,3	9,1	74,o	5,o	6,8
	Mitte (neu)	87,5	7,3	8,3	57,8	4,8	8,3
	Ende	115,5	1o,7	9,6	58,3	4,6	7,9
Kurtz	Anfang	83,8	12,5	14,9	64,2	1o,2	15,9
	Mitte	71,3	11,o	15,5	55,5	7,4	13,4
	Mitte (neu)	--	--	--	--	--	--
	Ende	65,8	9,o	13,6	5o,o	6,4	12,8
GF	Anfang	86,5	1o,9	12,6	6o,6	7,1	11,7
	Mitte	114,o	11,9	1o,4	68,6	5,5	8,1
	Mitte (neu)	88,9	12,o	13,5	56,1	6,3	11,2
	Ende	1o8,o	14,1	13,o	61,5	7,o	11,4

zusammengestellt. Tabelle 1a enthält die Zahlen für jedes Bremssystem, gemittelt aus den drei bzw. vier Beobachtungen. In Tabelle 2 sind die bei 21 Schußfäden je cm festgestellten bzw. errechneten Werte enthalten, die - wie bereits in Abschnitt III ausgeführt - auf den Messungen bei

Forschungsberichte des Wirtschafts- und Verkehrsministeriums Nordrhein-Westfalen

T a b e l l e 1a

Kettspannungsmessungen bei mittlerer Schußdichte

(Mittelwerte)

Brems-system	Höhe der Kettfadenspannung			Größe der Spannungsspiele		
	Mittel g	Standard-abweichg. g	Var.-Koef-fizient %	Mittel g	Standard-abweichg. g	Var.-Koef-fizient %
Kette	84,7	6,8	8,0	52,1	4,0	7,6
Mulde	82,0	10,6	12,9	51,6	4,8	9,2
Seil	88,6	8,4	9,5	51,6	5,0	9,7
Gosta	104,2	8,8	8,4	61,7	4,5	7,3
Kurtz	73,6	10,8	14,7	56,6	8,0	14,0
GF	99,4	12,2	12,4	61,7	6,5	10,6

T a b e l l e 2

Kettspannungsmessungen bei höherer Schußdichte

Bremssystem	Höhe der Kettfadenspannung			Größe der Spannungsspiele		
	Mittel g	Standard-abweichg. g	Var.-Koef-fizient %	Mittel g	Standard-abweichg. g	Var.-Koef-fizient %
Kette Anfang	84,2	6,0	7,1	42,2	3,4	8,1
Mulde Anfang	105,5	9,1	8,7	59,8	4,6	7,6
Seil Anfang	76,1	7,1	9,3	28,1	3,7	13,3
Gosta Anfang	102,0	8,7	8,5	52,3	3,4	6,5
Kurtz Anfang	86,0	11,6	13,5	58,0	7,5	12,8
GF Anfang	91,5	12,1	13,3	50,5	6,0	11,9

Beginn des Webversuches mit der genannten Dichte beruhen. Alle Tabellen sind waagerecht in Rubriken für die Höhe der Kettfadenspannung und die Größe des Spannungsspieles unterteilt. Von beiden sind die Gesamtmittelwerte, Standardabweichungen und Variationskoeffizienten angegeben. Untereinander sind die Bremssysteme aufgeführt und in Tabelle 1 auch der Zeitpunkt der Messungen gekennzeichnet.

Die mittleren Spannungshöhen in Tabelle 1 lassen erkennen, daß die während des Webens vonhand regulierten Bremsen eine annähernd gleichmäßige Einstellung erfuhren. Demgegenüber traten erkennbare Spannungsänderungen bei der sich teilweise selbstregelnden Gosta- und der automatischen GF-Kettbaumdämmung zwischen Anfang und Mitte der Webperiode sowie zwischen der dann vorgenommenen Neueinstellung und dem Ende des Webens auf. Bei beiden Bremssystemen erhöhte sich die Spannung. Die Abweichungen, die bei der Gosta-Bremse im Mittel 30,6 g und bei der GF-Kettbaumdämmung 23,3 g/Kettfaden bei relativ kleinen Kettbaumdurchmesserveränderungen (von 18,0 auf 15,5 cm bzw. von 15,5 auf 11,8 cm) betragen, sind erheblich und deuten auf eine ungenügende automatische Regelung hin. Bei der Gosta-Bremse ist die Ursache darin zu suchen, daß die Abnahme des Kettbaumgewichtes allein nicht zur Konstanthaltung der Bremsspannung genügt. Mit abnehmendem Kettbaumdurchmesser ist daher eine gewisse Nachstellung der Druckfederspannung bei der Gosta-Bremse unvermeidlich. Einfacher liegen die Verhältnisse bei der GF-Kettbaumdämmung, die bekanntlich eine Einstellmöglichkeit (14 in Abb. 6) besitzt, mit deren Hilfe veränderliche Bremsspannungen nach Angabe ausgeglichen werden können. Eine solche Nachregelung konnte während der Versuche jedoch - wie erwähnt - nicht vorgenommen werden, da die Versuchskette hierfür nicht genügend lang war.

Abweichungen der mittleren Spannungshöhe während der Webperiode läßt auch die Kurtzbremse erkennen, wobei die Spannung mit abnehmendem Kettbaumdurchmesser kleiner wird. Mit 9,0 g im Mittel sind diese Abweichungen aber im Vergleich zur Gosta- und GF-Kettbaumdämmung als gering anzusehen.

Standardabweichungen bzw. Variationskoeffizient der Spannungshöhe fallen bei den einzelnen Bremssystemen sehr unterschiedlich aus. Hohe Werte zeigen bei einer Schußdichte von 14 Fd/cm die Mulden-, Kurtz- und GF-Kettbaumdämmung. Bei höherer Schußdichte treten nur die Kurtz- und GF-Kettbaumdämmung mit großen Abweichungen hervor.

Forschungsberichte des Wirtschafts- und Verkehrsministeriums Nordrhein-Westfalen

Zur Kontrolle der Periodizität auftretender Schwankungen der Spannungshöhe wurden die Durchmesser der Kettbäume in die Betrachtung gezogen, die im Zeitpunkt der Messungen folgende Größen aufwiesen:

14 Schußfäden/cm

    a) Anfang des Gewebestückes = 18,0 cm

    b) Mitte des Gewebestückes = 15,5 cm (nach 85 000 Schuß)

    c) Ende des Gewebestückes   = 11,8 cm (nach weiteren 85 000 Schuß)

21 Schußfäden/cm

    d) Anfang des Gewebestückes = 11,8 cm

Beim Verweben einer dem Kettbaumumfang entsprechenden Garnlänge wurden nachstehende Diagrammlängen festgestellt, die bei Kenntnis der Webstuhlgeschwindigkeit, Fadendichte, Einarbeitung sowie des Papiervorschubes natürlich auch errechnet werden können:

    a) 145 mm
    b) 125 mm
    c) 95 mm
    d) 95 mm

Fast bei allen Diagrammen wurden Schwankungen der Spannungshöhe mit einer dem Kettbaumumfang entsprechenden Periode festgestellt. Die Ursache dieser Schwankungen dürfte in der Hauptsache auf nicht völlig rundlaufende Kettbäume zurückzuführen sein.

Es wurde bereits gesagt, daß anhand der Diagramme auch die Größe der Spannungsspiele während der einzelnen Kurbelumdrehungen und ihre Veränderung innerhalb der Webperiode betrachtet wurden. Die diesbezüglichen Zahlen sind in den Tabellen 1, 1a und 2 ebenfalls enthalten. Zunächst ist festzustellen, daß die Größe des Spannungsspiels im Verhältnis zu der absoluten Höhe der Fadenspannung bedeutend ist. Sie beträgt bei der geringeren Schußdichte und als Mittel aller Beobachtungen während der Webperiode (Tab. 1a) für die

    Kettenbremse 52,1 g von 84,7 g (= 61,5 %),
    Muldenbremse 51,6 g von 82,0 g (= 62,9 %),
    Seilbremse   51,6 g von 88,6 g (= 58,2 %),
    Gostabremse 61,7 g von 104,2 g (= 59,2 %),

Kurtzbremse 56,6 g von 73,6 g (= 76,9 %),
GF-Dämmung 61,7 g von 99,4 g (= 62,1 %).

Bei der höheren Schußdichte lauten die Zahlen (Tab. 2) wie folgt:

Kettenbremse 42,2 g von 84,2 g (= 50.2 %),
Muldenbremse 59,8 g von 105,5 g (= 56,7 %),
Seilbremse 28,1 g von 76,1 g (= 36,9 %),
Gostabremse 52,3 g von 102,0 g (= 51,3 %),
Kurtzbremse 58,0 g von 86,0 g (= 67,4 %),
GF-Dämmung 50,5 g von 91,5 g (= 55,2 %).

In Prozent der mittleren Spannungshöhe gesehen, sind deren kurzfristige Schwankungen, wie aus vorstehenden Aufstellungen zu erkennen ist, am größten bei der Kurtz-Bremse, während alle anderen Bremseinrichtungen deutlich bessere Prozentwerte aufweisen, ohne daß sie untereinander grössere Abweichungen zeigen. Lediglich bei der höheren Schußdichte haben die Kettenbremse, Seilbremse und Gostabremse gegenüber Mulden- und der GF-Kettbaumdämmung Vorteile. Besonders die Seilbremse hat sich durch geringes Spannungsspiel ausgezeichnet.

Die Standardabweichungen und Variationskoeffizienten des Spannungsspiels sind bei niedrigerer Schußdichte wiederum bei der Kurtzbremse am ungünstigsten. Ebenfalls aus dem Durchschnitt herausfallende schlechte Werte der Abweichung hat die GF-Kettbaumdämmung (Tab. 1a). Die gleiche Aussage ist zu machen für die höhere Schußdichte. Nur der Variationskoeffizient für das Spannungsspiel an der Seilbremse macht hier eine Ausnahme. Er liegt noch schlechter als bei den genannten automatischen Bremseinrichtungen, weil - wie bereits erwähnt wurde - die Bezugsgröße (mittlere Größe des Spannungsspiels) in diesem Falle bemerkenswert gering war. Zwischen allen anderen Bremsen sind besondere Unterschiede nicht feststellbar.

Daß die Zahlen der quadratischen Abweichung und des Variationskoeffizienten allein die Verhältnisse jedoch nicht erschöpfend wiedergeben, sondern auch die aufgenommenen Diagramme für die Bewertung der Wirkungsweise unmittelbar herangezogen werden müssen, erhellt daraus, daß bei der vorgenommenen Art der Diagrammauswertung an 5 mm langen Stücken kurzzeitig auftretende Spannungsspitzen nicht erfaßt werden konnten.

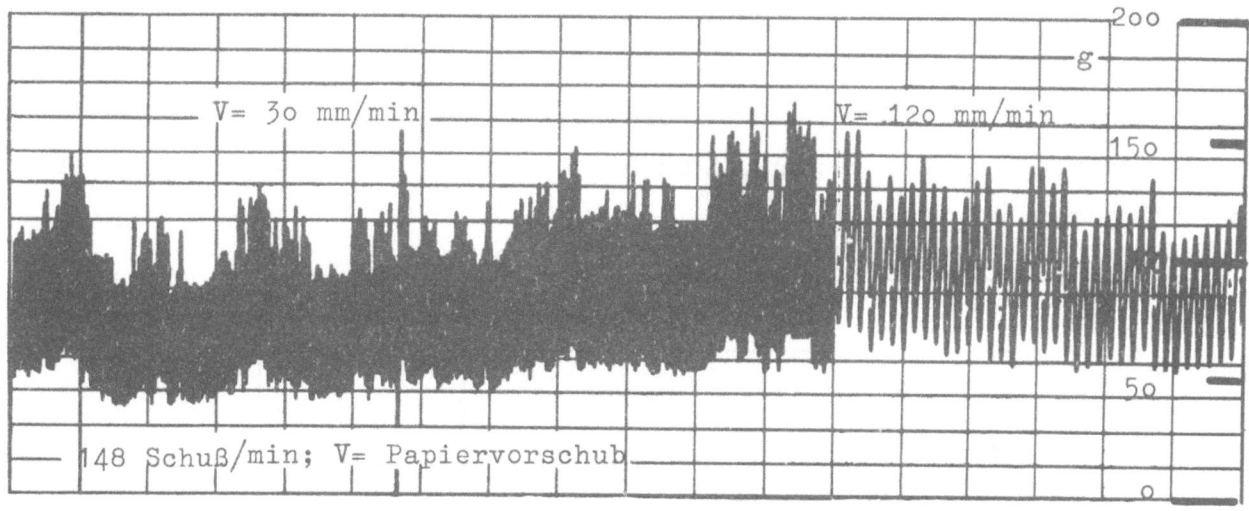

Kurtz-Kettablaß- und Bremseinrichtung

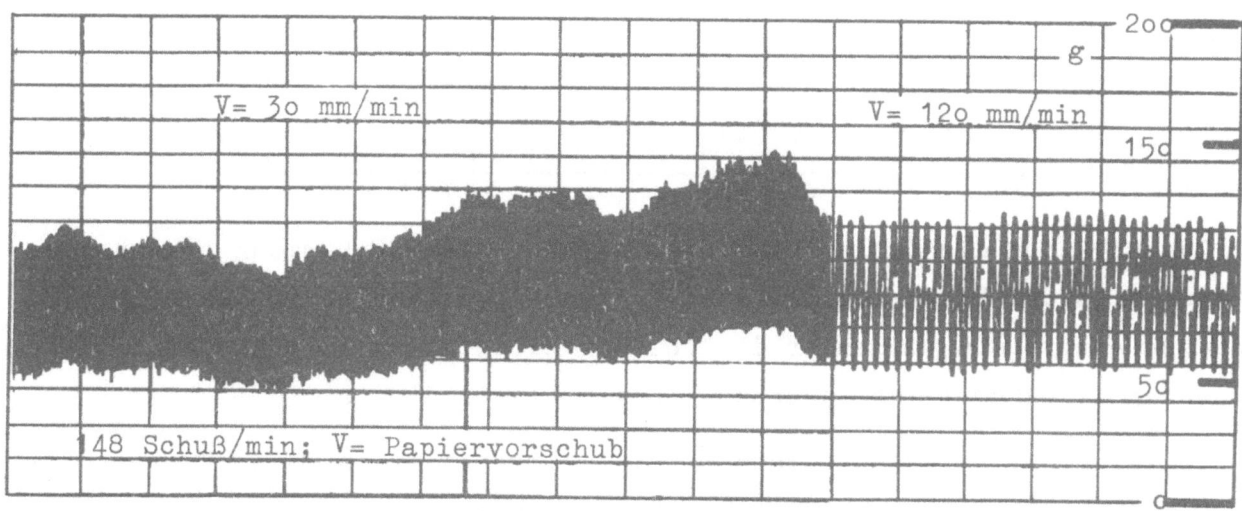

GF-Kettbaumdämmung

A b b i l d u n g 8

Kettbaumbremsen, Kettspannungsverlauf

Zur Veranschaulichung der besonders bei der Kurtzbremse in Erscheinung getretenen Spannungsspitzen seien in Abbildung 8 vergleichsweise Diagrammausschnitte der beiden automatisch arbeitenden Kettbaumbremsen, der Kurtz- und der GF-Kettbaumdämmung wiedergegeben. Beide Diagramme wurden bei einer Schußdichte von 14 Fd/cm und bei 18,0 cm Kettbaumdurchmesser aufgenommen. Das obere Diagramm ist das der Kurtz-, das untere das der

GF-Kettbaumdämmung. Der rechte kurze Teil der beiden Diagramme ist bei einem Diagrammpapiervorschub von 12o mm/min, der linke größere bei einem Vorschub von 3o mm/min aufgenommen worden. Der Übersicht halber seien die zugehörigen Zahlen der Spannungshöhe und des Spannungsspiels aus der Tabelle 1 gegenübergestellt.

		Kurtzbremse	GF-Dämmung
Spannungshöhe			
Mittelwert	(g)	83,8	86,5
Standardabw.	(g)	12,5	1o,9
Variationskoef.	(%)	14,9	12,6
Spannungsspiel			
Mittelwert	(g)	64,2	6o,6
Standardabw.	(g)	1o,2	7,1
Variationskoef.	(%)	15,9	11,7

Zwar lassen schon die Zahlen eine Überlegenheit der GF-Dämmung erkennen, doch tut dies der Vergleich der vom Gerät aufgezeichneten Diagramme erst besonders einprägsam, indem er die bei der Kurtzbremse auftretenden Spannungsspitzen deutlich in Erscheinung treten läßt.

Die Diagramme der übrigen Bremsen ähneln weitgehendst in ihrem Kurvenverlauf dem gleichmäßigeren Bild der GF-Kettbaumdämmung, so daß an dieser Stelle auf eine Wiedergabe verzichtet werden kann.

2. Kettfadenbruchhäufigkeit und andere Webstuhlstillstände

Der Versuchsplan sah für die beschriebenen Kettbaumbremseinrichtungen eine Prüfung vor, die ihr Verhalten hinsichtlich von der Kette herrührender Webstuhlstillstände aufzeigen sollte. Diese Prüfung wurde für das Weben mit beiden Schußdichten (14 u. 21 Fd/cm) vorgenommen.

Tabelle 3 enthält die Häufigkeit der Kettfadenbrüche, des Auswebens und der Störungen im Schützenlauf - bezogen auf 1oo ooo Schuß -, die bei der Herstellung der Versuchsgewebe mit 14 Schußfäden je cm entstanden.

Forschungsberichte des Wirtschafts- und Verkehrsministeriums Nordrhein-Westfalen

Tabelle 3

Kettstörungen je 100 000 Schuß bei mittlerer Schußdichte

Störungen durch:	Ketten-bremse	Mulden-bremse	Seil-bremse	Gosta-bremse	Kurtz-bremse	GF-Dämmung
Anspinner	14	14	8	9	9	12
Knoten	19	23	17	27	39	30
Schäben	4	1	2	1	1	1
Dicke Stellen	9	9	11	5	12	6
Dünne Stellen	34	37	17	38	35	41
Kettfadenbr. ges.	80	84	55	80	96	90
Webnester	2	5	2	1	2	3
Webschützenlauf	1	1	1	1	3	1

Ein Vergleich der Versuchsergebnisse der drei vonhand zu regulierenden Kettbaumbremsen zeigt Unterschiede, die der Seilbremse den Vorzug vor der Ketten- und Muldenbremse geben. Die Summe der Stillstände durch Kettfadenbrüche liegt bei der Seilbremse mit 55 Fadenbrüchen am niedrigsten und bei der Kettenbremse mit 80 und bei der Muldenbremse mit 84 Fadenbrüchen bedeutend höher. Unterteilt nach der Ursache der Kettfadenbrüche sind bei Benutzung der Ketten- und Muldenbremse viele Fadenbrüche auf das Reißen dünner Garnstellen zurückzuführen. Es wurden 34 Fadenbrüche dieser Art bei der Ketten- und 37 Fadenbrüche bei der Muldenbremse festgestellt. Demgegenüber ist die Zahl der Fadenbrüche durch dünne Garnstellen bei der Seilbremse mit nur 17 um etwa 50 % niedriger. Das unterschiedliche Verhalten dieser 3 Bremsen bezüglich Reißen der dünnen Stellen im Kettgarn ist auf die mehr oder weniger vorhandene Anpassungsfähigkeit der Bremssysteme an die Webverhältnisse zurückzuführen. Eine vergleichende Beobachtung der Kettbäume während des Webstuhllaufes auf eine schwingende Bewegung hin zeigte, daß bei der Kettenbremse nur ein leichtes Vor- und Rückwärtsbewegen des Kettbaumes, verbunden mit geringem Auf- und Abschwingen der beiden Bremshebel mit Gewichten, das synchron dem Blattanschlag und der Fachbewegung erfolgte, festzustellen war. Das

Forschungsberichte des Wirtschafts- und Verkehrsministeriums Nordrhein-Westfalen

---

Schwingen des Kettbaumes konnte bei der Muldenbremse nicht beobachtet werden. Sie arbeitet in dieser Hinsicht starrer. Bei der Seilbremse machte sich hingegen eine doppelt starke schwingende Bewegung bemerkbar, so daß hieraus entnommen werden kann, daß die Seilbremse sich den Webverhältnissen am besten anpaßt.

Werden die in Tabelle 3 aufgeführten Kettfadenbrüche nach ihrer Häufigkeit weiter unterteilt, so treten an die zweite Stelle die durch Knoten entstandenen Brüche. Die Kettenbremse weist 19, die Muldenbremse 23 und die Seilbremse nur 17 derartige Fadenbrüche auf. Auch hiernach verhält sich wiederum die Seilbremse am günstigsten, während die Ergebnisse der Kettenbremse etwas schlechter und die der Muldenbremse noch ungünstiger sind. Als nächste Position in der Reihe der Kettfadenbrüche ist die Gruppe anzusehen, deren Entstehungsursache Anspinner sind. Für die Ketten- und Muldenbremse sind diese Werte mit 14 Fadenbrüchen gleich hoch. Die Seilbremse hat mit nur 8 Fadenbrüchen wieder den besten Wert aufzuweisen. Als zweitletzte Position in der Kettfadenbruchhäufigkeit sind durch dicke Garnstellen verursachte Fadenbrüche anzuführen. Bei allen vonhand zu regulierenden Kettbaumbremsen sind diese Fadenbrüche annähernd gleich häufig beobachtet worden, nämlich bei der Ketten- und der Muldenbremse mit 9, bei der Seilbremse mit 11 Fadenbrüchen je 1oo ooo Schuß.

Die ihrer Häufigkeit nach an letzter Stelle stehenden Kettfadenbrüche gehen auf Schäben zurück. Sie traten nur vereinzelt auf und können deshalb für eine Beurteilung der Wirkungsweise der unterschiedlichen Bremseinrichtungen ebensowenig herangezogen werden, wie die auch nur in geringer Anzahl beobachteten Störungen durch Webnester und Unregelmäßigkeiten im Schützenlauf. Die entsprechenden Zahlen können der Tabelle 3 entnommen werden.

Als teilweise automatisch arbeitende Kettbaumbremse wurde die Gosta-Kettbaumlagerbremse angeführt, deren durch die Kette verursachten Störungen ebenfalls für die Schußdichte von 14 Fd/cm in Tabelle 3 enthalten sind. Die Summe der Kettfadenbrüche beträgt bei der Gostabremse 8o. Auf die einzelnen Ursachen unterteilt, ergibt sich folgendes Bild: 38 Fadenbrüche durch dünne Garnstellen, 27 Fadenbrüche durch Knoten, 9 Fadenbrüche durch Anspinner, 5 Fadenbrüche durch dicke Garnstellen und 1 Fadenbruch durch Schäben. Die Fadenbruchhäufigkeit durch dünne Garnstellen gleicht den Werten bei der Muldenbremse (38 gegen 37 Fadenbrüche). Auch die Fadenbrüche durch Knoten liegen ihrer Zahl nach in der gleichen Größenordnung, wenn auch etwas höher (27 gegen 23 Fadenbrüche). Die Zahlen der auf Anspinner und dicke Garnstellen zurückzuführenden Kettfadenbrüche sind demgegenüber im Vergleich zur Muldenbremse niedriger. Sie betragen 9 bzw. 5 bei der Gostabremse und 14 bzw. 9 bei der Muldenbremse.

Im Ganzen gesehen hat also die Gostabremse hinsichtlich der Kettfadenbrüche ähnlich abgeschnitten, wie die mit Kette oder mit Mulde arbeitenden einfachen Bremsen. Sie erwies sich aber, verglichen mit der vorstehend günstig beurteilten Seilbremse, sowohl in der Gesamtheit der Störungen als auch hinsichtlich deren wesentlichen Positionen als schlechter. Als Ursache für dieses Versuchsergebnis muß angenommen werden, daß das elastische Verhalten der Gostabremse trotz der beweglichen Aufhängung des Kettbaumes beim Weben niedriger Schußdichten nicht ausreichend ist, da für einen Ausgleich die Überwindung des gesamten Kettbaumgewichts notwendig ist. Demgegenüber erfolgt bei der Seilbremse die ausgleichende Bewegung des Kettbaumes lediglich gegen die Differenz der Bremsgewichte.

Die Ergebnisse, die bei den Versuchen mit automatisch arbeitenden Kettbaumbremsen, nämlich der Kurtz-Kettablaß- und Bremseinrichtung und der GF-Kettbaumdämmung, bei einer Schußdichte von 14 Fd/cm ermittelt wurden, sind ebenfalls aus Tabelle 3 zu ersehen. Beide Bremssysteme zeigen eine hohe Kettfadenbruchhäufigkeit. Die Kurtz-Kettablaß- und Bremseinrichtung liegt mit 96 Fadenbrüchen an letzter Stelle aller geprüften Einrichtungen, an vorletzter Stelle mit 90 Fadenbrüchen die GF-Kettbaumdämmung. Dünne Stellen und Knoten sind wiederum die häufigsten Störungsursachen. Sie wurden mit 35 bei der Kurtz- und mit 41 bei der GF-Bremse der Häufigkeit nach in der gleichen Größenordnung festgestellt wie bei der Gosta-Bremse. Bei den Knoten (Kurtz 39; GF 30) hatten die automatischen Bremsen die schlechtesten Zahlen. Zu der großen Häufigkeit dieser Art von Kettfadenbrüchen bei der Kurtzbremse muß gesagt werden, daß in vielen Fällen die Knoten nicht zu Bruch gingen, sondern sich durch die ungünstigen Kettspannungsverhältnisse (vergl. S. 33) aufgeschoben hatten. Hinsichtlich Anspinner (Kurtz 9; GF 12) unterscheiden sich die Ergebnisse unwesentlich von den bei anderen Einrichtungen festgestellten. Auch die Fadenbrüche durch dicke Stellen sind in ihrer Anzahl (Kurtz 12; GF 6) nicht besonders kennzeichnend. Störungen durch andere Ursachen treten nur selten auf und können für eine Beurteilung auch in diesem Falle nicht herangezogen werden.

Die relativ ungünstigen Ergebnisse der Kettfadenbrucherfassung bei Verwendung der Kurtzbremse stehen zweifellos im Zusammenhang mit dem bei der Beschreibung der Kettspannungsmeßergebnisse erwähnten Auftreten von markanten, unregelmäßigen Spannungsspitzen. Diese sind vermutlich auf unregelmäßigen Kettenablaß zurückzuführen. Es muß angenommen werden, daß die Blockierung des Kettbaumes nicht regelmäßig gelöst wird.

Die GF-Kettbaumdämmung zeigt bei vergleichender Betrachtung ein der Muldenbremse sehr ähnliches Verhalten. Es mag dies mit der Wirkungsweise der GF-Dämmung zusammenhängen, die bezüglich ihres elastischen Verhaltens der Muldenbremse gleicht.

In Tabelle 4 sind die bei einer Schußdichte von 21 Fd/cm aufgetretenen Kettfadenbrüche, wiederum auf 100 000 Schuß bezogen, zusammengestellt. Es wurde bereits darauf hingewiesen, daß die für diesen Teil des Versuchs zur Verfügung stehende Beobachtungszeit eine wesentlich kürzere war als bei der Arbeit mit geringerer Schußdichte.

Ketten-, Mulden- und Seilbremse weisen in ihrer Auswirkung bei höherer Schußdichte gegenüber der bisher vorgenommenen Charakterisierung erhebliche Abweichungen auf. Die niedrigste Kettfadenbruchhäufigkeit wurde mit 62 je 100 000 Schuß bei Benutzung der Kettenbremse erzielt, etwas höher lag sie mit 72 Fadenbrüchen bei der Seilbremse, während sie bei Verwendung einer Muldenbremse mit 146 Brüchen stark ansteigt. Dieses im Vergleich zu den Versuchen mit geringer Schußdichte unterschiedliche Verhalten ist darauf zurückzuführen, daß beim Weben höherer Schußdichten eine zusätzliche Beanspruchung der Kettfäden auftritt, bedingt durch den zur Erzielung der höheren Schußdichte erforderlichen stärkeren Anschlag des Webblattes an den zuletzt eingetragenen Schußfaden. An das Arbeiten der Kettbaumbremsung sind dabei andere, höhere Ansprüche zu stellen. Die für lose bzw. mittlere Gewebedichten bei den Versuchen als beste Bremse erkannte Seilbremse weist bei höherer Schußdichte ein schlechteres Ergebnis auf als die Kettenbremse. Das weiter oben als vorteilhaft herausgestellte elastische Verhalten der Seilbremse ist bei höherer Schußdichte demnach nicht mehr in gleichem Maße wirksam. Es stellt sich gegenüber der Kettenbremse vor allem eine Zunahme der Brüche durch dünne Garnstellen ein. Sie betragen bei der Seilbremse 28 und bei der Kettenbremse 22 Brüche je 100 000 Schuß. Auch die durch Knoten bedingten Fadenbrüche liegen mit 24 bei der Seilbremse um ein geringes höher als bei der Kettenbremse,

Forschungsberichte des Wirtschafts- und Verkehrsministeriums Nordrhein-Westfalen

Tabelle 4

Kettstörungen je 1oo ooo Schuß bei höherer Schußdichte

Störungen durch:	Ketten-bremse	Mulden-bremse	Seil-bremse	Gosta-bremse	Kurtz-bremse	GF-Dämmung
Anspinner	9	13	8	5	11	14
Knoten	22	4o	24	24	53	18
Schäben	-	-	-	-	-	-
Dicke Stellen	9	1o	12	-	16	14
Dünne Stellen	22	83	28	19	84	5o
Kettfadenbr. ges.	62	146	72	48	164	96
Webnester	-	-	-	-	-	-
Webschützenlauf	-	-	-	-	-	-

die nur 22 Brüche aufzuweisen hat. Die bei hohen Schußfadendichten häufig angewandte Muldenbremse hat - verglichen mit der Ketten- und der Seilbremse - eine etwa 3 - 4fach höhere Kettfadenbruchhäufigkeit durch dünne Garnstellen. Es stehen 83 Fadenbrüche bei der Muldenbremse, 22 Fadenbrüchen bei der Ketten- und 28 Fadenbrüchen bei der Seilbremse gegenüber. Auch durch Knoten verursachte Brüche sind bei dieser Bremsart mit 4o Fadenbrüchen häufiger als bei Benutzung einer Ketten- und Seilbremse (22 bzw. 24 Fadenbrüche). Offensichtlich beansprucht die Muldenbremse, die - wie schon gesagt - bei hohen Schußfadendichten mit Rücksicht auf den erforderlichen, kräftigen Webladenanschlag bevorzugt wird, die Kettfäden in erhöhtem Maße. Bei ihrer Verwendung wird auf ausreichende Festigkeit, also Qualität des Kettgarnes Wert zu legen sein.

Als eine für höhere Schußdichten gut geeignete Kettbaumbremse erwies sich die teilweise automatisch arbeitende Gosta-Kettbaumlagerbremse mit nur 48 Gesamtfadenbrüchen je 1oo ooo Schuß. Die Kettfadenbruchhäufigkeit durch dünne Garnstellen ist mit 19 Brüchen als günstig anzusehen. Die durch Knoten verursachten Fadenbrüche weisen mit 24 eine Häufigkeit auf, die dem Durchschnitt der bei den vergleichsweise als günstig erkannten Bremseinrichtungen entspricht. Auffallenderweise sind keine durch dicke Garnstellen hervorgerufenen Fadenbrüche vorhanden. Diese überaus günstigen Werte bei der Gosta-Bremse sind auf das einstellbare Spiel des Kettbaumes zurückzuführen, das für die Kette eine gewisse Nachgiebigkeit zuläßt und durch Begrenzung des Kettbaumspiels doch die für den Blattanschlag bei höherer Schußzahl notwendige hohe Kettspannung schafft, wobei das Gewicht des Kettbaumes als ausgleichendes Element dient.

Schon bei mittlerer Schußdichte wurde zwischen den automatisch wirkenden Kettbaumbremsen ein Unterschied in der Kettfadenbruchhäufigkeit dahingehend festgestellt, daß die GF-Dämmung günstigere Versuchsergebnisse zeigte als die Kurtz-Bremse. Dieses unterschiedliche Verhalten tritt bei Erhöhung der Schußdichte besonders in Erscheinung. Die Kurtz-Bremse weist insgesamt 164 Kettfadenbrüche je 100 000 Schuß auf - wiederum das ungünstigste Ergebnis unter allen geprüften Bremseinrichtungen -, während die GF-Dämmung mit 96 Fadenbrüchen um etwa 40 % besser ist. Auffallend hoch ist bei der Kurtz-Bremse die Zahl der Fadenbrüche durch dünne Garnstellen. Sie liegt mit 84 in etwa gleicher Höhe wie bei der Muldenbremse (83 Fadenbrüche). Ebenfalls die durch Knoten verursachten Fadenbrüche sind mit 53 Brüchen als hoch anzusehen. Demgegenüber hat die GF-Dämmung 50 Kettfadenbrüche durch dünne Stellen und 18 Brüche durch Knoten. Dieses bessere Ergebnis bei der letztgenannten Einrichtung ist auf eine ausgeglichenere Wirkungsweise zurückzuführen, die im Vergleich zum Arbeiten mit mittlerer Schußdichte deutlicher in Erscheinung tritt.

Wie gezeigt, können die Unterschiede in der Kettfadenbruchhäufigkeit je nach zur Anwendung gekommenen Kettbremsung sehr verschieden sein. In Abbildung 9 sind die festgestellten Kettfadenbrüche, bezogen auf 100 000 Schuß, eingetragen. Die weißen Säulen kennzeichnen die Kettfadenbruchhäufigkeit für eine Schußfadendichte von 14 Fd/cm, die schraffierten die Häufigkeiten bei 21 Fd/cm.

Ein Vergleich bei geringer Schußdichte zeigt, daß die vonhand zu regulierende, nach dem Prinzip der Gegengewichtsbremse arbeitende Seilbremse die günstigsten Versuchsergebnisse liefert. An nächster Stelle liegt die ebenfalls vonhand zu regulierende Ketten- und die teilweise automatisch arbeitende Gosta-Bremse, zwei Bremsen, die gleich hohe Ergebnisse in der Fadenbruchhäufigkeit aufzuweisen haben. An dritter Stelle folgt die vonhand zu regulierende Muldenbremse, an vierter Stelle die automatisch

Forschungsberichte des Wirtschafts- und Verkehrsministeriums Nordrhein-Westfalen

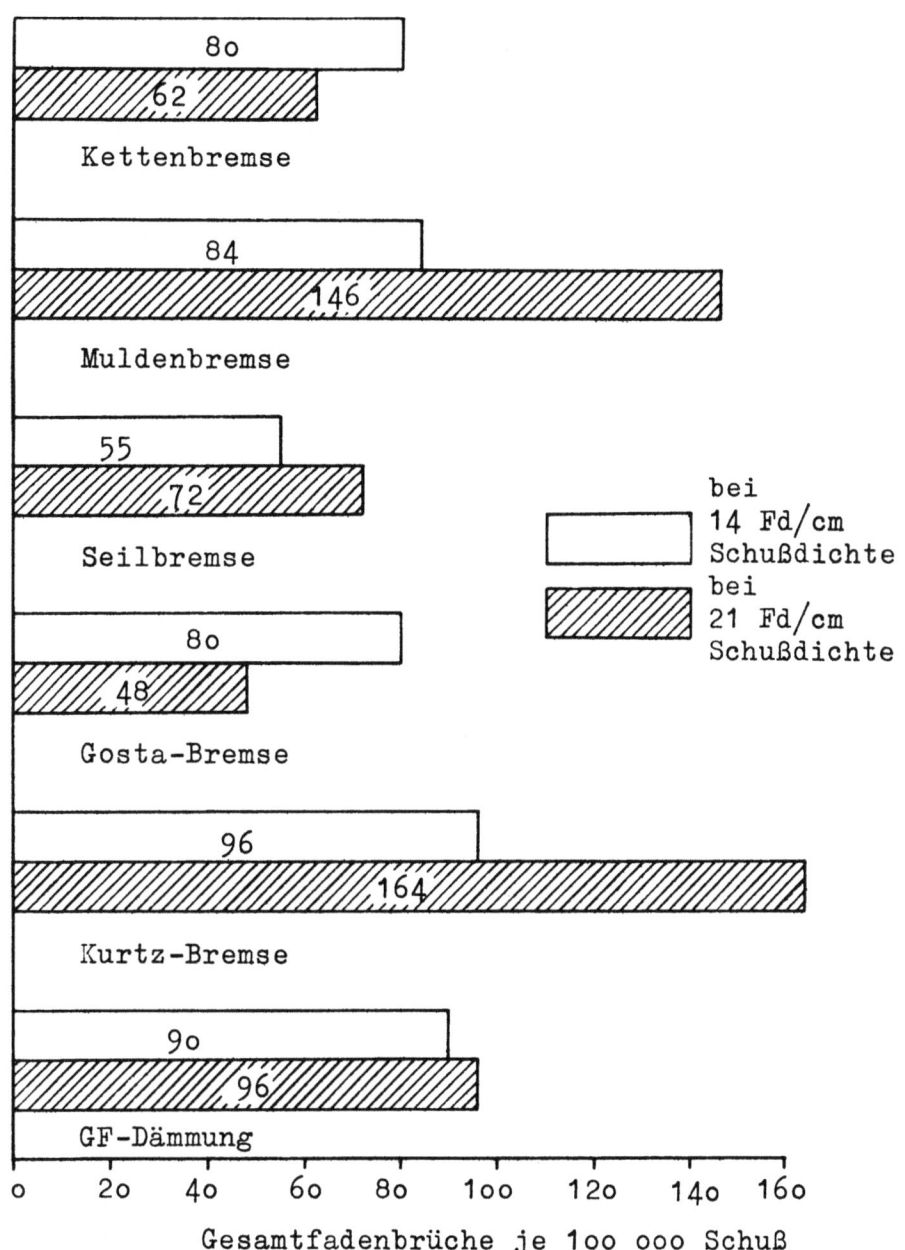

Abbildung 9

Kettbaumbremsen, Kettfadenbruchhäufigkeiten

arbeitende GF-Dämmung und an letzter Stelle die ebenfalls automatisch wirkende Kurtz-Bremse.

Die Fadenbruchhäufigkeiten bei höherer Schußdichte stehen nicht mit den bei niedriger Schußdichte gewonnenen Versuchsergebnissen in Einklang. Es tritt hier die Gosta-Bremse durch ihre geringen Kettfadenbrüche in Erscheinung. An zweiter Stelle folgt die Kettenbremse, darauf die Seilbremse, die GF-Dämmung, die Mulden- und an letzter Stelle die Kurtz-

Bremse, wobei die beiden zuletzt genannten Einrichtungen auffallend schlech abschneiden.

Auf dieses unterschiedliche Verhalten wurde bereits eingegangen. Auffällig ist, daß in einzelnen Fällen die Zahl der Kettfadenbrüche bei dem Weben mit höherer Schußdichte niedriger lag als bei loserer Einstellung. Diese Beobachtung wurde bei der Kettenbremse und bei der Gosta-Bremse gemacht. Bei der letztgenannten Einrichtung wurde der Versuch einer Erklärung bereits unternommen. Die Nachgiebigkeit der Einrichtung kam offenbar bei der verstärkten Beanspruchung der Kette erst richtig zur Auswirkung, ohne daß die bei höherer Schußdichte erforderliche Kraft des Webladenanschlages in Frage gestellt wird. Bei der Kettenbremse dürften ähnliche Verhältnisse vorliegen. Sie ist der Seilbremse bei dichteren Geweben überlegen, weil dem Mitschwingen des Kettbaumes, das bei loserer Einstellung von Vorteil war, größere Massenkräfte entgegenwirken.

Aus den vorstehenden Vergleichen ist zu entnehmen, daß bei der Wahl eines Kettbaumbremssystems für die Leinenverarbeitung die herzustellende Gewebedichte von nicht zu vernachlässigender Bedeutung ist. Eine lose Schußdichte erfordert eine den Fachbildungs-Spannungsverhältnissen sich anpassende Kettbaumbremsung, während eine höhere Schußdichte darüber hinaus noch eine erhöhte Kettspannung bei Blattanschlag erforderlich macht.

3. Schußstreifen

Wesentlich ist auch die Betrachtung des Verhaltens der verschiedenen Kettbaumbremsen nach Stillständen, um Schußstreifenbildung zu vermeiden. In dieser Hinsicht erwiesen sich die Seil-, Gosta- und Kurtz-Bremsen vorteilhaft. Eine Betätigung des Sperrklinkenauslösehebels der Warenabziehvorrichtung nach Schützenwechsel war nicht erforderlich. Die Muldenbremse und die GF-Dämmung arbeiteten nicht so zuverlässig. Besonders aber war beim Weben mit der Kettenbremse ein Eingriff in die Regulatorschaltung noch Schützenwechsel notwendig.

Beim Wiederanweben nach vorausgegangenem Austrennen von Schußfäden war mit Ausnahme der Seilbremse bei allen anderen Bremssystemen ein Zurückdrehen des Kettbaumes verbunden mit einer Neueinregelung der Kettspannung notwendig. Erst bei Austrennstellen über 5 cm Länge mußte auch bei der Seilbremse der Kettbaum zurückgedreht werden, wobei sich die Neueinstellung der Webspannung erübrigte.

Zur Klärung der leichten Schußstreifenbildung bei Anwendung der Kettenbremse ist ihre unregelmäßige Arbeitsweise nach Abstellen des Webstuhles anzuführen. Die Bremse wirkt sich je nach dem Zeitpunkt der Abstellung derart aus, daß die Kettspannung in einem Falle hoch, in einem anderen niedrig ist. Diese Unsicherheit muß auf eine ungleichmäßige Reibungswirkung zwischen gußeisernen Bremsscheiben und schmiedeeisernen Gliederketten zurückzuführen sein, die offenbar einen stetigen Kettablauf nicht gewährleistet.

Entsprechend der ähnlichen Wirkungsweise der Muldenbremse und GF-Dämmung ist auch ihr Verhalten nach Webstuhlstillständen einander angeglichen. Ihre diesbezüglichen, wenn auch geringen Vorteile gegenüber der Kettenbremse sind anscheinend in den aufeinander günstiger abgestimmten Bremsmaterialien - Gußeisen und Filz bzw. Gußeisen und Spezialbremsbelag - zurückzuführen, welche eine gleichmäßige Kettspannung bei Webstuhlstillständen verbürgen.

Bei der Seilbremse wirkt sich das zwischen den unterschiedlich belasteten Seilenden vorhandene Spiel sehr günstig aus, da die schwereren Gewichte das Bestreben haben, den Kettbaum mit stets gleicher Kraft zurückzudrehen.

Das schußstreifenfreie Anweben nach Stillständen ist bei der Gosta-Bremse auf die Beweglichkeit des Kettbaumes zurückzuführen. Je nach Gewicht des Baumes wird der Webkette bei abgestelltem Webstuhl eine gleichmäßige Spannung gegeben, die sich beim Anweben vorteilhaft bemerkbar macht.

Das Ablassen der Kette, das bei der Kurtz-Bremse über einen durch Federn in Spannung gehaltenen Schwingbaum in Verbindung mit der jeweiligen Kettspannung erfolgt, wirkt sich auch bei dieser Bremse auf das Wiederanweben nach einem Stillstand ohne Schußstreifenbildung gut aus.

4. Bedienung der Bremsen

Die Spannungsregulierung erfordert bei der Kettenbremse in gewissen Zeitabschnitten je nach der Abnahme des Kettbaumdurchmessers ein Zurückhängen der Bremsgewichte bzw. auch das Auswechseln dieser Gewichte. Zwischen großem und kleinem Kettbaumdurchmesser ist zudem in vielen Fällen noch eine Änderung in der Anzahl der Windungen der Ketten um die Bremsscheiben vorzunehmen, eine Arbeit, die zeitraubend ist und sich infolge der meist verschmutzten Gliederketten mit der Arbeit des Webens nicht gut vereinbaren

Forschungsberichte des Wirtschafts- und Verkehrsministeriums Nordrhein-Westfalen

läßt. Ein Zurückdrehen des Kettbaumes, das nach dem Ausweben erforderlich ist, bedarf der Hilfe einer zweiten Person, deren Mithilfe nur umgangen werden kann, wenn die Gewichte von den Gewichtshebeln und gegebenenfalls auch noch die Gliederketten von den Bremsscheiben abgenommen werden. Das Vorrichten des Webstuhles ist durch das Umlegen der Gliederketten umständlich. Eine Einregulierung der Kettspannung ist nach jedem Kettenwechsel vorzunehmen.

Die Bedienung der Muldenbremse entspricht weitgehend der der Kettenbremse. Die Spannungsregulierung benötigt das gleiche Umhängen der Bremsgewichte. Anstelle der Kette ist ein den halben Bremsscheibenumfang umfassendes Spannband getreten, so daß eine Änderung der Umschlingungszahl, die bei der Kettenbremse gegebenenfalls erforderlich ist, entfällt. Die Arbeitsverrichtungen bei dem Wiederanweben nach dem Austrennen von Fäden gleichen denen der Kettenbremse. Das Vorrichten des Webstuhles ist durch die verhältnismäßig schnell einhängbaren Spannbänder einfacher als bei der Kettenbremse. Die Spannungseinregulierung ist auch bei der Muldenbremse nach jedem Kettenwechsel vorzunehmen.

Etwas anders ist die Handhabung der Seilbremse. Eine Spannungsregulierung durch das Verhängen von Gewichten ist nicht möglich. Die Kettspannung ist vielmehr durch Austausch verschiedener Gewichtsgrößen, Hinzufügen oder Herabnehmen von Gewichten und Änderung der Seilumschlingungszahl einzustellen. Falls beim Ausweben größerer Gewebestreifen ein Zurückdrehen des Kettbaumes notwendig ist, genügt das Anheben der nach außen liegenden, stärker belasteten Seilenden, und zwar so weit, bis die kleineren, entgegengesetzt aufgehängten Gewichte den Boden berühren. Dieser Arbeitsvorgang ist vorteilhaft durch zwei Personen vorzunehmen. Nach dem Freigeben der angehobenen Gewichte dreht sich der Kettbaum durch die bereits beschriebene Gewichtsdifferenz zwischen vorderer und hinterer Gewichtsbelastung selbsttätig zurück. Dieser Vorgang muß je nach der Länge der Auswebstelle gegebenenfalls mehrmals wiederholt werden. Das Vorrichten des Webstuhles ist ähnlich wie bei der Kettenbremse, dürfte allerdings mit etwas mehr Zeitaufwand verbunden sein, da die Anordnung der Bremsgewichte beidseitig der Seilenden erfolgen muß.

Erleichterung in der Bedienung bringt die Gosta-Kettbaumlagerbremse mit sich, bei der die Spannungsregulierung durch einfache Verstellung von Flügelmuttern erfolgt. Um zum Ausweben den Kettbaum mühelos zurückdrehen

Seite 44

Forschungsberichte des Wirtschafts- und Verkehrsministeriums Nordrhein-Westfalen

zu können, sind Spannhebel, die ein Entspannen und Wiederspannen der Bremse erlauben, vorhanden. Eine zweite Hilfskraft, die bei der Ketten-, Mulden- und Seilbremse unerläßlich ist, kommt also in Fortfall. Das Vorrichten des Webstuhles wird durch aufklappbare Bremsbügel erleichtert, der Kettbaum kann mühelos gewechselt werden. Doch sind nur Kettbäume mit gleicher Rohrlänge verwendbar. Die Kettspannungseinstellung erfolgt leicht und schnell. Durch Umlegen eines Spannhebels ist die vorher eingestellte Kettspannung wieder erreicht. Als besonderer Vorteil ist das Fehlen störender Gewichtshebel anzusehen, wodurch Kettbäume größeren Durchmessers verwendet und damit die Vorrichtzeiten insgesamt gerechnet verringert werden können.

Auch die Kurtz-Kettablaß- und Bremsvorrichtung bietet gegenüber den älteren Bremsarten erhebliche Arbeitserleichterungen. Zur Einstellung der Kettspannung ist lediglich ein Handrad zu betätigen. Muß der Kettbaum zurückgedreht werden, ist von zentraler Stelle aus durch einen handlich ausgebildeten Hebel der Bremslagerdeckel zu lüften. Bei sehr hohen Kettspannungen kann zur Erleichterung dieses Arbeitsganges die der Spannungsbeeinflussung dienende Zugfeder durch einen gesonderten Handhebel entlastet werden. Auch hier ist also eine Person zur Bedienung ausreichend. Der Kettbaumwechsel ist nach Lösen zweier Muttern und Hochklappen des Bremslagerdeckels in kürzester Zeit möglich, wobei geringe Abweichungen in den Rohrlängen nicht ins Gewicht fallen. Ein Anschlag dient zur schnellen Wiedereinstellung der ursprünglichen Kettspannungshöhe. Die Vorteile hinsichtlich der Verwendung großer Kettbaumdurchmesser sind die gleichen wie bei der Gosta-Bremse.

Die GF-Kettbaumdämmung ist ebenfalls eine einfach zu bedienende Bremseinrichtung. Eine Beeinflussung der Bremsstärke und damit der Kettspannung wird durch Verdrehen einer Flügelmutter erreicht. Zum Zurückdrehen der Webkette ist die Betätigung eines bequem zu handhabenden Bremsspannhebels nötig. Eine erforderliche Drehung des Kettbaumes wird durch einen hierfür in unmittelbarer Nähe des Spannhebels angeordneten Handhebel erleichtert. Die Vorrichtzeiten sind auch bei der GF-Einrichtung kurz. Der Verbindung zwischen Bremseinrichtung und Kettbaum dient ein in der Bremsscheibe in seiner Längsrichtung verschiebbarer Mitnehmerdorn, der mit der Bremsscheibe in Drehrichtung mittels Nut und Keil und in Längsrichtung mittels Stellschraube gekuppelt wird. Die Kupplung mit dem Kettbaumrohr wird durch

Forschungsberichte des Wirtschafts- und Verkehrsministeriums Nordrhein-Westfalen

geeignete Mitnehmereinrichtungen vollzogen. Die Verschiebbarkeit des Mitnehmerdorns bewirkt, daß die Länge des Kettbaumrohres nicht ausschlaggebend ist. Zur Einstellung einer gleichbleibenden Kettspannung vom vollen bis zum leeren Kettbaum ist nach der Betriebsanweisung ein Bolzen im Skalenhebel nach der größeren Zahl hin zu verschieben, wenn die Kettspannung nach dem Weben einiger Stücke größer wird. Umgekehrt ist dieser Bolzen bei kleiner werdender Kettspannung auf eine kleinere Zahl zu stellen. Ist die richtige Lage des Bolzens im Skalahebel einmal festgestellt, soll eine weitere Regelung überflüssig sein. Die Möglichkeit der Unterbringung großer Kettbäume ist auch bei der GF-Bremse gegeben.

Ein Vergleich hinsichtlich der Spannungsregelung der Bremsen ergibt, daß die vonhand zu bedienenden Bremsen, die Ketten-, Mulden- und Seilbremsen mehr Aufwand bedürfen als die vom Kettbaumgewicht geregelte Gosta-Bremse und die automatischen Bremsen (Kurtz-Bremse und GF-Kettbaumdämmung). An verschiedenen Stellen der Kette durchgeführte Kettspannungsmessungen liessen auch bei den Gosta-, Kurtz- und GF-Einrichtungen Unterschiede im Vergleich zur Ausgangsspannung erkennen, die ein Nachregulieren erforderlich machten. Im Gegensatz zu der umständlichen Regelung der nicht selbsttätigen Bremsen ist eine gegebenenfalls notwendige Nachregulierung der Gosta-, Kurtz- und GF-Einrichtungen in bequemer Weise ausführbar. Die beste automatische Regelung konnte bei der Kurtz-Bremse festgestellt werden. Die Gosta-Bremse bedurfte hin und wieder einer Nachregulierung, was auch von der GF-Dämmung zu sagen ist. Unsere Versuche bezogen sich nicht auf das Abarbeiten voller Kettbäume. Die Beschränkung hinsichtlich der Materialmenge bedingte das Arbeiten mit nur teilweise bewickelten Kettbäumen. Die ausgleichende Wirkung des Kettbaumgewichtes konnte somit bei der Gosta-Bremse nicht eindeutig erfaßt werden. Ebenfalls war es nicht möglich, bei der GF-Dämmung die Möglichkeit der gleichmäßigen Bremswirkung durch Umstellung der beschriebenen Einstellvorrichtung unter Beweis zu stellen.

V. Entwicklung neuartiger Kettbaumbremseinrichtungen

Bereits in Abschnitt III wurde auf zwei neuartige Kettbaumbremsen hingewiesen, die bei den beschriebenen Untersuchungen nicht mit eingesetzt werden konnten. Bei diesen Einrichtungen handelt es sich im Gegensatz zu den geprüften Bremseinrichtungen, bei denen die Kettspannung während des Blattanschlages und während der Offenfachstellungen nicht beeinflußt wurde, um solche, die bei Blattanschlag und Fachöffnung unterschiedliche Kettspannungen bewirken. Während des Blattanschlages ist eine straff gespannte Kette gewährleistet, während sie hingegen bei der Fachöffnung unter geringerer Spannung steht, wodurch eine größere Schonung der Fäden erzielt und dem Verschleiß von Geschirr und Tritteinrichtung entgegengewirkt wird. Derartige Bremsen werden von den Firmen Carl Valentin KG., Stuttgart, und der Webstuhlfabrik Jean Güsken, Dülken/Rhld., gebaut bzw. sind zum Patent angemeldet. Diese Neukonstruktionen arbeiten wie folgt:

1. Valentin-Kettenablaßvorrichtung DBP

Der mit einer Bremsscheibe gekuppelte Kettbaum wird durch zwei Bremsbacken, die die Bremsscheibe umschließen abgebremst. Die Bremskraft wird durch Druckfedern erreicht. Eine Fühlvorrichtung reguliert die Federkraft entsprechend der Abnahme des Baumdurchmessers derart, daß die Kettspannung beim Anschlagen des Schusses vom Anfang bis zum Ende der Kette konstant bleibt. Während des Schußanschlages werden die Druckfedern durch einen auf der Schlagexzenterwelle angeordneten Doppelexzenter fester gespannt, der Kettbaum entsprechend der evtl. beim Schließen des Faches freiwerdenden Kettlänge zurückgedreht und blockiert. Beim Öffnen des Faches werden die Druckfedern hingegen etwas entspannt, so daß die Bremsung des Baumes vermindert wird, wobei die vorher beim Schließen des Faches aufgenommene Kettlänge zum Bilden des neuen Faches durch Verdrehen des Kettbaumes wieder freigegeben wird. Die Drehung des Kettbaumes erfolgt nicht zwangsläufig, sondern kraftschlüssig.

2. Güsken-Kettablaßvorrichtung

Die selbsttätige Einrichtung arbeitet auf ein Schneckengetriebe derart, daß der Kettenablaß beim Webvorgang von der durch die Spannung der Kette bestimmten Stellung eines durch Gewichte oder Federn in Spannung gehaltenen Schwingbaumes abhängig ist. Um im Augenblick des Schußanschlages eine möglichst hohe Kettspannung zu erzielen und diese während des übrigen Webvorganges geringer halten zu können, wird dem Schwingbaum während des Schußanschlages beispielsweise von der Ladenstelze aus, eine stets gleiche, die Kette anspannende Schwenkbewegung erteilt.

Die letztgenannten Einrichtungen gehen von der Notwendigkeit aus, beim Schußanschlag eine ausreichende Kettfadenspannung zu haben. Diese Forderung hat besonderes Gewicht, wenn hohe Dichten erzielt werden sollen. Die zuletzt beschriebene Einrichtung verbietet allerdings die Verwendung eines schwingend angeordneten Streichbaumes, die erfahrungsgemäß bei loserer Gewebeeinstellung z.B. in Verbindung mit einer der beschriebenen Bremseinrichtungen vorteilhaft wirken kann.

Die Firma Ph. Kurtz sieht neuerdings auf Wunsch eine Federung des Schwingbaumes vor, beschränkt diese allerdings durch einstellbare Anschläge, so daß ein kräftiger Blattanschlag erreicht wird, wodurch eine ähnliche Wirkung wie bei den vorstehend beschriebenen Einrichtungen erzielt werden kann. Bei unseren Versuchen konnte diese zusätzliche Einrichtung nicht erprobt werden.

VI. Zusammenfassung

Vergleichende Versuche mit vonhand regelbaren Kettbaumbremsen und selbsttätig arbeitenden Bremseinrichtungen wurden durchgeführt, um deren Wirkungsweise in Bezug auf Gleichhaltung der Kettfadenspannung, Kettfadenbruchhäufigkeit, Warenqualität sowie Arbeitsaufwand beim Vorrichten und Bedienen zu erproben. Die Versuche erfolgten mit Flachsgarn Nm 15 in der Kette und Flachswerggarn Nm 15 im Schuß, beide 3/4-gebleicht. Jeder zu prüfenden Bremseinrichtung stand eine eigene Kette der gleichen Spinnpartie zur Verfügung, die unter gleichen Bedingungen hergestellt und verwebt wurde, wobei mit zwei verschiedenen Schußdichten, nämlich einer mittleren und einer höheren gearbeitet wurde.

Zur vergleichenden Beurteilung der Bremssysteme wurden die Ergebnisse elektromagnetischer, an bestimmten Stellen der Kette vorgenommener Kettspannungsmessungen, die von der Kette herrührenden Stillstände je 100 000 Schuß, der Ausfall der Gewebe hinsichtlich Schußstreifen und schließlich die Bedienung der Bremsen herangezogen.

Durch die Kettspannungsmessungen konnte nachgewiesen werden, daß nicht nur die vonhand zu regulierenden, sondern auch die selbsttätigen Bremsen Nachstellungen bedürfen. Das beste Ergebnis hinsichtlich der Spannungsgleichhaltung zeigte die automatische Kurtz-Kettablaß- und Bremseinrichtung, die im Verlauf des Abwebens nur geringe Abweichungen von der anfangs eingestellten Spannung aufwies. Die unter Ausnützung des sich ändernden Kettbaumgewichts arbeitende Gosta-Kettbaumlagerbremse und auch die selbsttätige GF-Kettbaumdämmung hatten im Verlauf des Webens demgegenüber erhebliche Spannungsänderungen aufzuweisen. Bei diesen Beobachtungsergebnissen ist allerdings in Betracht zu ziehen, daß ihnen nur eine beschränkte Kettenlänge zu Grunde liegt und daß gegebenenfalls bei der GF-Kettbaumdämmung bessere Ergebnisse hinsichtlich der Spannungsgleichhaltung hätten erzielt werden können, wenn eine längere Kette eine bessere Einstellung nach der Bedienungsvorschrift ermöglicht hätte.

Hinsichtlich der Spannungsspiele sind außer bei der Kurtz-Bremse, die erhebliche Unregelmäßigkeiten in den Spannungsspitzen aufwies, keine Besonderheiten für die einzelnen Bremseinrichtungen festzustellen.

Demgegenüber zeigen die von der Kette bedingten Stillstände markantere Unterschiede, die je nach mittlerer oder höherer Schußdichte anders, auch entgegengesetzt ausfallen können. Für die Herstellung von Geweben mittlerer Dichte sind nach zunehmenden Stillstandshäufigkeiten die Bremsen wie folgt zu ordnen: 1. Seilbremse, 2. u. 3. Ketten- und Gosta-Bremse, 4. Muldenbremse, 5. GF-Dämmung, 6. Kurtz-Bremse. Bei höheren Dichten wurde das beste Ergebnis mit der Gosta-Bremse erzielt, es folgen 2. Kettenbremse, 3. Seilbremse, 4. GF-Dämmung, 5. Muldenbremse und 6. Kurtz-Bremse.

Im Hinblick auf die Erzeugung schußstreifenfreier Ware wirken Mulden- und Kettenbremsen bei abnehmender Schußdichte am meisten nachteilig.

Eine Beurteilung der Bremsen nach dem Arbeitsaufwand für ihre Bedienung fällt für die teilweise automatisch arbeitende Gosta-Bremse und für die selbstregulierende Kurtz-Bremse und GF-Dämmung im Vergleich mit den vonhand nachzustellenden Bremsen günstig aus. Sowohl das Vorrichten der Kette als auch eine eventuelle Nachregulierung der Kettspannung und die Betätigung nach dem Ausweben sind bei den genannten Bremsen leicht ausführbar. Von den einfachen Bremsen zeichnet sich die Seilbremse durch mühelose Bedienung nach dem Ausweben infolge ihrer Konstruktion als Gegengewichtsbremse aus.

Die Versuche wurden in der Mech. Weberei Ravensberg AG., Bielefeld - Schildesche, ausgeführt, die ihre Einrichtungen zur Verfügung stellte. Von den Firmen G. Stark, Schlierbach/Wttb., und Ph. Kurtz, Hasloch/Main, wurden uns ihre Bremssysteme zur Verfügung gestellt. Allen Firmen sei für ihr Entgegenkommen unser Dank ausgesprochen.

Die Ausführungen im vorliegenden Bericht beschränken sich auf die Verarbeitung von Leinengarnketten und die dabei gemachten Beobachtungen. Das Verhalten der Bremseinrichtungen kann bei Vorliegen dehnungsfähigerer Kettgarne ein anderes sein. Eine Werbung für eine bestimmte Bremseinrichtung ist natürlich nicht beabsichtigt. Ein Anspruch auf Vollzähligkeit der Kettbaumbremseinrichtungen wird nicht erhoben, da nur einige typische Einrichtungen bei den Versuchen Verwendung finden konnten.

Versuchsdurchführung	Dipl.-Ing. W. ROHS
Text.-Ing. H. GRIESE	Text.-Ing. H. GRIESE

FORSCHUNGSBERICHTE
DES WIRTSCHAFTS- UND VERKEHRSMINISTERIUMS
NORDRHEIN-WESTFALEN

Herausgegeben von Staatssekretär Prof. Leo Brandt

Heft 1:
Prof. Dr.-Ing. E. Flegler, Aachen
Untersuchungen oxydischer Ferromagnet-Werkstoffe

Heft 2:
Prof. Dr. W. Fuchs, Aachen
Untersuchungen über absatzfreie Teeröle

Heft 3:
Techn.-Wissenschaftl. Büro für die Bastfaserindustrie, Bielefeld
Untersuchungsarbeiten zur Verbesserung des Leinenwebstuhls

Heft 4:
Prof. Dr. E. A. Müller und Dipl.-Ing. H. Spitzer, Dortmund
Untersuchungen über die Hitzebelastung in Hüttebetrieben

Heft 5:
Dipl.-Ing. W. Fister, Aachen
Prüfstand der Turbinenuntersuchungen

Heft 6:
Prof. Dr. W. Fuchs, Aachen
Untersuchungen über die Zusammensetzung und Verwendbarkeit von Schwelteerfraktionen

Heft 7:
Prof. Dr. W. Fuchs, Aachen
Untersuchungen über emsländisches Petrolatum

Heft 8:
M. E. Meffert und H. Stratmann, Essen
Algen-Großkulturen im Sommer 1951

Heft 9:
Techn.-Wissenschaftl. Büro für die Bastfaserindustrie, Bielefeld
Untersuchungen über die zweckmäßige Wicklungsart von Leinengarnkreuzspulen unter Berücksichtigung der Anwendung hoher Geschwindigkeiten des Garnes
Vorversuche für Zetteln und Schären von Leinengarnen auf Hochleistungsmaschinen

Heft 10:
Prof. Dr. W. Vogel, Köln
„Das Streifenpaar" als neues System zur mechanischen Vergrößerung kleiner Verschiebungen und seine technischen Anwendungsmöglichkeiten

Heft 11:
Laboratorium für Werkzeugmaschinen und Betriebslehre, Technische Hochschule Aachen
1. Untersuchungen über Metallbearbeitung im Fräsvorgang mit Hartmetallwerkzeugen und negativem Spanwinkel
2. Weiterentwicklung des Schleifverfahrens für die Herstellung von Präzisionswerkstücken unter Vermeidung hoher Temperaturen
3. Untersuchung von Oberflächenveredlungsverfahren zur Steigerung der Belastbarkeit hochbeanspruchter Bauteile

Heft 12:
Elektrowärme-Institut, Langenberg (Rhld.)
Induktive Erwärmung mit Netzfrequenz

Heft 13:
Techn.-Wissenschaftl. Büro für die Bastfaserindustrie, Bielefeld
Das Naßspinnen von Bastfasergarnen mit chemischen Zusätzen zum Spinnbad

Heft 14:
Forschungsstelle für Acetylen, Dortmund
Untersuchungen über Aceton als Lösungsmittel für Acetylen

Heft 15:
Wäschereiforschung Krefeld
Trocknen von Wäschestoffen

Heft 16:
Max-Planck-Institut für Kohlenforschung, Mülheim a. d. Ruhr
Arbeiten des MPI für Kohlenforschung

Heft 17:
Ingenieurbüro Herbert Stein, M. Gladbach
Untersuchung der Verzugsvorgänge in den Streckwerken verschiedener Spinnereimaschinen. 1. Bericht: Vergleichende Prüfung mit verschiedenen Dickenmeßgeräten

Heft 18:
Wäschereiforschung Krefeld
Grundlagen zur Erfassung der chemischen Schädigung beim Waschen

Heft 19:
Techn.-Wissenschaftl. Büro für die Bastfaserindustrie, Bielefeld
Die Auswirkung des Schlichtens von Leinengarnketten auf den Verarbeitungswirkungsgrad, sowie die Festigkeit und Dehnungsverhältnisse der Garne und Gewebe

Heft 20:
Techn.-Wissenschaftl. Büro für die Bastfaserindustrie, Bielefeld
Trocknung von Leinengarnen I
Vorgang und Einwirkung auf die Garnqualität

Heft 21:
Techn.-Wissenschaftl. Büro für die Bastfaserindustrie, Bielefeld
Trocknung von Leinengarnen II
Spulenanordnung und Luftführung beim Trocknen von Kreuzspulen

Heft 22:
Techn.-Wissenschaftl. Büro für die Bastfaserindustrie, Bielefeld
Die Reparaturanfälligkeit von Webstühlen

Heft 23:
Institut für Starkstromtechnik, Aachen
Rechnerische und experimentelle Untersuchungen zur Kenntnis der Metadyne als Umformer von konstanter Spannung auf konstanten Strom

Heft 24:
Institut für Starkstromtechnik, Aachen
Vergleich verschiedener Generator-Metadyne-Schaltungen in bezug auf statisches Verhalten

Heft 25:
Gesellschaft für Kohlentechnik mbH., Dortmund-Eving
Struktur der Steinkohlen und Steinkohlen-Kokse

Heft 26:
Techn.-Wissenschaftl. Büro für die Bastfaserindustrie, Bielefeld
Vergleichende Untersuchungen zweier neuzeitlicher Ungleichmäßigkeitsprüfer für Bänder und Garne hinsichtlich ihrer Eignung für die Bastfaserspinnerei

Heft 27:
Prof. Dr. E. Schratz, Münster
Untersuchungen zur Rentabilität des Arzneipflanzenanbaues Römische Kamille, Anthemis nobilis L.

Heft 28:
Prof. Dr. E. Schratz, Münster
Calendula officinalis L. Studien zur Ernährung, Blütenfüllung und Rentabilität der Drogengewinnung

Heft 29:
Techn.-Wissenschaftl. Büro für die Bastfaserindustrie, Bielefeld
Die Ausnützung der Leinengarne in Geweben

Heft 30:
Gesellschaft für Kohlentechnik mbH., Dortmung-Eving
Kombinierte Entaschung und Verschwelung von Steinkohle; Aufarbeitung von Steinkohlenschlämmen zu verkokbarer oder verschwelbarer Kohle

Heft 31:
Dipl.-Ing. Störmann, Essen
Messung des Leistungsbedarfs von Doppelsteg-Kettenförderern

Heft 32:
Techn.-Wissenschaftl. Büro für die Bastfaserindustrie, Bielefeld
Der Einfluß der Natriumchloridbleiche auf Qualität und Verwebbarkeit von Leinengarnen und die Eigenschaften der Leinengewebe unter besonderer Berücksichtigung des Einsatzes von Schützen- und Spulenwechselautomaten in der Leinenweberei

Heft 33:
Kohlenstoffbiologische Forschungsstation e. V.
Eine Methode zur Bestimmung von Schwefeldioxyd und Schwefelwasserstoff in Rauchgasen und in der Atmosphäre

Heft 34:
Textilforschungsanstalt Krefeld
Quellungs- und Entquellungsvorgänge bei Faserstoffen

Heft 35:
Professor Dr. W. Kast, Krefeld
Feinstrukturuntersuchungen an künstlichen Zellulosefasern verschiedener Herstellungsverfahren

Heft 36:
Forschungsinstitut der feuerfesten Industrie, Bonn
Untersuchungen über die Trocknung von Rohton
Untersuchungen über die chemische Reinigung von Silika- und Schamotte-Rohstoffen mit chlorhaltigen Gasen

Heft 37:
Forschungsinstitut der feuerfesten Industrie, Bonn
Untersuchungen über den Einfluß der Probenvorbereitung auf die Kaltdruckfestigkeit feuerfester Steine

Heft 38:
Forschungsstelle für Acetylen, Dortmund
Untersuchungen über die Trocknung von Acetylen zur Herstellung von Dissousgas

Heft 39:
Forschungsgesellschaft Blechverarbeitung e. V., Düsseldorf
Untersuchungen an prägegemusterten und vorgelochten Blechen

Heft 40:
Landesgeologe Dr.-Ing. W. Wolff, Amt für Bodenforschung, Krefeld
Untersuchungen über die Anwendbarkeit geophysikalischer Verfahren zur Untersuchung von Spateisengängen im Siegerland

Heft 41:
Techn.-Wissenschaftl. Büro für die Bastfaserindustrie, Bielefeld
Untersuchungsarbeiten zur Verbesserung des Leinenwebstuhles II

Heft 42:
Professor Dr. B. Helferich, Bonn
Untersuchungen über Wirkstoffe — Fermente — in der Kartoffel und die Möglichkeit ihrer Verwendung

Heft 43:
Forschungsgesellschaft Blechverarbeitung e. V., Düsseldorf
Forschungsergebnisse über das Beizen von Blechen

Heft 44:
Arbeitsgemeinschaft für praktische Dehnungsmessung, Düsseldorf
Eigenschaften und Anwendungen von Dehnungsmeßstreifen

Heft 45:
Losenhausenwerk Düsseldorfer Maschinenbau AG., Düsseldorf
Untersuchungen von störenden Einflüssen auf die Lastgrenzenanzeige von Dauerschwingprüfmaschinen

Heft 46:
Prof. Dr. W. Fuchs, Aachen
Untersuchungen über die Aufbereitung von Wasser für die Dampferzeugung in Benson-Kesseln

Heft 47:
Prof. Dr.-Ing. K. Krekeler, Aachen
Versuche über die Anwendung der induktiven Erwärmung zum Sintern von hochschmelzenden Metallen sowie zur Anlegierung und Vergütung von aufgespritzten Metallschichten mit dem Grundwerkstoff

Heft 48:
Max-Planck-Institut für Eisenforschung, Düsseldorf
Spektrochemische Analyse der Gefügebestandteile in Stählen nach ihrer Isolierung

Heft 49:
Max-Planck-Institut für Eisenforschung, Düsseldorf
Untersuchungen über Ablauf der Desoxydation und die Bildung von Einschlüssen in Stählen

Heft 50:
Max-Planck-Institut für Eisenforschung, Düsseldorf
Flammenspektralanalytische Untersuchung der Ferritzusammensetzung in Stählen

Heft 51:
Verein zur Förderung von Forschungs- und Entwicklungsarbeiten in der Werkzeugindustrie e. V., Remscheid
Untersuchungen an Kreissägeblättern für Holz, Fehler- und Spannungsprüfverfahren

Heft 52:
Forschungsstelle für Azetylen, Dortmund
Untersuchungen über den Umsatz bei der explosiblen Zersetzung von Azetylen
 a) Zersetzung von gasförmigem Azetylen,
 b) Zersetzung von an Silikagel adsorbiertem Azetylen

Heft 53:
Professor Dr.-Ing. H. Opitz, Aachen
Reibwert- und Verschleißmessungen an Kunststoffgleitführungen für Werkzeugmaschinen

Heft 54:
Professor Dr.-Ing. F. A. F. Schmidt, Aachen
Schaffung von Grundlagen für die Erhöhung der spez. Leistung und Herabsetzung des spez. Brennstoffverbrauches bei Ottomotoren mit Teilbericht über Arbeiten an einem neuen Einspritzverfahren

Heft 55:
Forschungsgesellschaft Blechverarbeitung e. V., Düsseldorf
Chemisches Glänzen von Messing und Neusilber

Heft 56:
Forschungsgesellschaft Blechverarbeitung e. V., Düsseldorf
Untersuchungen über einige Probleme der Behandlung von Blechoberflächen

Heft 57:
Prof. Dr.-Ing. F. A. F. Schmidt, Aachen
Untersuchungen zur Erforschung des Einflusses des chemischen Aufbaues des Kraftstoffes auf sein Verhalten im Motor und in Brennkammern von Gasturbinen

Heft 58:
Gesellschaft für Kohlentechnik m. b. H., Dortmund
Herstellung und Untersuchung von Steinkohlenschwelteer

Heft 59:
Forschungsinstitut der Feuerfest-Industrie e. V., Bonn
Ein Schnellanalysenverfahren zur Bestimmung von Aluminiumoxyd, Eisenoxyd und Titanoxyd in feuerfestem Material mittels organischer Farbreagenzien auf photometrischem Wege
Untersuchungen des Alkali-Gehaltes feuerfester Stoffe mit dem Flammenphotometer nach Riehm-Lange

Heft 60:
Forschungsgesellschaft Blechverarbeitung e. V., Düsseldorf
Untersuchungen über das Spritzlackieren im elektrostatischen Hochspannungsfeld

Heft 61:
Verein zur Förderung von Forschungs- und Entwicklungsarbeiten in der Werkzeugindustrie e. V., Remscheid
Schwingungs- und Arbeitsverhalten von Kreissägeblättern für Holz

Heft 62:
Professor Dr. W. Franz, Institut für theoretische Physik der Universität Münster
Berechnung des elektrischen Durchschlags durch feste und flüssige Isolatoren

Heft 63:
Textilforschungsanstalt Krefeld
Neue Methoden zur Untersuchung der Wirkungsweise von Textilhilfsmitteln
Untersuchungen über Schlichtungs- und Entschlichtungsvorgänge

Heft 64:
Textilforschungsanstalt Krefeld
Die Kettenlängenverteilung von hochpolymeren Faserstoffen
Über die fraktionierte Fällung von Polyamiden

Heft 65:
Fachverband Schneidwarenindustrie, Solingen
Untersuchungen über das elektrolytische Polieren von Tafelmesserklingen aus rostfreiem Stahl

Heft 66:
Dr.-Ing. P. Füsgen VDI †, Düsseldorf
Untersuchungen über das Auftreten des Ratterns bei selbsthemmenden Schneckengetrieben und seine Verhütung

Heft 67:
Heinrich Wösthoff o. H. G., Apparatebau, Bochum
Entwicklung einer chemisch-physikalischen Apparatur zur Bestimmung kleinster Kohlenoxyd-Konzentrationen

Heft 68:
Kohlenstoffbiologische Forschungsstation e. V., Essen
Algengroßkulturen im Sommer 1952
II. Über die unsterile Großkultur von Scenedesmus obliquus

Heft 69:
Wäschereiforschung Krefeld
Bestimmung des Faserabbaues bei Leinen unter besonderer Berücksichtigung der Leinengarnbleiche

Heft 70:
Wäschereiforschung Krefeld
Trocknen von Wäschestoffen

Heft 71:
Prof. Dr.-Ing. K. Leist, Aachen
Kleingasturbinen, insbesondere zum Fahrzeugantrieb

Heft 72:
Prof. Dr.-Ing. K. Leist, Aachen
Beitrag zur Untersuchung von stehenden geraden Turbinengittern mit Hilfe von Druckverteilungsmessungen

Heft 73:
Prof. Dr.-Ing. K. Leist, Aachen
Spannungsoptische Untersuchungen von Turbinenschaufelfüßen

Heft 74:
Max-Planck-Institut für Eisenforschung, Düsseldorf
Versuche zur Klärung des Umwandlungsverhaltens eines sonderkarbidbildenden Chromstahls

Heft 75:
Max-Planck-Institut für Eisenforschung, Düsseldorf
Zeit-Temperatur-Umwandlungs-Schaubilder als Grundlage der Wärmebehandlung der Stähle

Heft 76:
Max-Planck-Institut für Arbeitsphysiologie, Dortmund
Arbeitstechnische und arbeitsphysiologische Rationalisierung von Mauersteinen

Heft 77:
Meteor Apparatebau Paul Schmeck G. m. b H., Siegen
Entwicklung von Leuchtstoffröhren hoher Leistung

Heft 78:
Forschungsstelle für Acetylen, Dortmund
Über die Zustandsgleichung des gasförmigen Acetylens und das Gleichgewicht Acetylen — Aceton

Heft 79:
Techn.-Wissenschaftl. Büro für die Bastfaserindustrie, Bielefeld
Trocknung von Leinengarnen III
Spinnspulen- und Spinnkopstrocknung
Vorgang und Einwirkung auf die Garnqualität

Heft 80:
Techn.-Wissenschaftl. Büro für die Bastfaserindustrie, Bielefeld
Die Verarbeitung von Leinengarn auf Webstühlen mit und ohne Oberbau

Heft 81:
Prüf- und Forschungsinstitut für Ziegeleierzeugnisse, Essen-Kray
Die Einführung des großformatigen Einheits-Gitterziegels im Lande Nordrhein-Westfalen

Heft 82:
Vereinigte Aluminium-Werke AG., Bonn
Forschungsarbeiten auf dem Gebiet der Veredelung von Aluminium-Oberflächen

Heft 83:
Prof. Dr. S. Strugger, Münster
Über die Struktur der Proplastiden

Heft 84:
Dr. H. Baron, Düsseldorf
Über Standardisierung von Wundtextilien

Heft 85:
Textilforschungsanstalt Krefeld
Physikalische Untersuchungen an Fasern, Fäden, Garnen und Geweben:
Untersuchungen am Knickscheuergerät nach Weltzien

Heft 86:
Prof. Dr.-Ing. H. Opitz, Aachen
Untersuchungen über das Fräsen von Baustahl sowie über den Einfluß des Gefüges auf die Zerspanbarkeit

Heft 87:
Gemeinschaftsausschuß Verzinken, Düsseldorf
Untersuchungen über Güte von Verzinkungen

Heft 88:
Gesellschaft für Kohlentechnik mbH., Dortmund-Eving
Oxydation von Steinkohle mit Salpetersäure

Heft 89:
Verein Deutscher Ingenieure, Gleitlagerforschung, Düsseldorf und Prof. Dr.-Ing. G. Vogelpohl, Göttingen
Versuche mit Preßstoff-Lagern für Walzwerke

Heft 90:
Forschungs-Institut der Feuerfest-Industrie, Bonn
Das Verhalten von Silikasteinen im Siemens-Martin-Ofengewölbe

Heft 91:
Forschungs-Institut der Feuerfest-Industrie, Bonn
Untersuchungen des Zusammenhangs zwischen Leistung und Kohlenverbrauch von Kammeröfen zum Brennen von feuerfesten Materialien

Heft 92:
Techn.-Wissenschaftl. Büro für die Bastfaserindustrie, Bielefeld und Laboratorium für textile Meßtechnik, M.-Gladbach
Messungen von Vorgängen am Webstuhl

Heft 93:
Prof. Dr. W. Kast, Krefeld
Spinnversuche zur Strukturerfassung künstlicher Zellulosefasern

Heft 94:
Prof. Dr. G. Winter, Bonn
Die Heilpflanzen des MATTHIOLUS (1611) gegen Infektionen der Harnwege und Verunreinigung der Wunden bzw. zur Förderung der Wundheilung im Lichte der Antibiotikaforschung

Heft 95:
Prof. Dr. G. Winter, Bonn
Untersuchungen über die flüchtigen Antibiotika aus der Kapuziner- (Tropaeolum maius) und Gartenkresse (Lepidium sativum) und ihr Verhalten im menschlichen Körper bei Aufnahme von Kapuziner- bzw. Gartenkressensalat per os

Heft 96:
Dr.-Ing. P. Koch, Dortmund
Austritt von Exoelektronen aus Metalloberflächen unter Berücksichtigung der Verwendung des Effektes für die Materialprüfung

Heft 97:
Ing. H. Stein, Laboratorium für textile Meßtechnik, M.-Gladbach
Untersuchung der Verzugsvorgänge an den Streckwerken verschiedener Spinnereimaschinen
2. Bericht: Ermittlung der Haft-Gleiteigenschaften von Faserbändern und Vorgarnen

Heft 98:
Fachverband Gesenkschmieden, Hagen
Die Arbeitsgenauigkeit beim Gesenkschmieden unter Hämmern

Heft 99:
Prof. Dr.-Ing. G. Garbotz, Aachen
Der Kraft- und Arbeitsaufwand sowie die Leistungen beim Biegen von Bewehrungsstählen in Abhängigkeit von den Abmessungen, den Formen und der Güte der Stähle (Ermittlung von Leistungsrichtlinien)

Heft 100:
Prof. Dr.-Ing. H. Opitz, Aachen
Untersuchungen von elektrischen Antrieben, Steuerungen und Regelungen an Werkzeugmaschinen

Heft 101:
Prof. Dr.-Ing. H. Opitz, Aachen
Wirtschaftlichkeitsbetrachtungen beim Außenrundschleifen

Heft 102:
Dr. P. Hölemann, Ing. R. Hasselmann und Ing. G. Dix, Dortmund
Untersuchungen über die thermische Zündung von explosiblen Acetylenzersetzungen in Kapillaren

Heft 103:
Prof. Dr. W. Weizel, Bonn
Durchführung von experimentellen Untersuchungen über den zeitlichen Ablauf von Funken in komprimierten Edelgasen sowie zu deren mathematischen Berechnung

Heft 104:
Prof. Dr. W. Weizel, Bonn
Über den Einfluß der Elektroden auf die Eigenschaften von Cadmium-Sulfid-Widerstands-Photozellen

Heft 105:
Dr.-Ing. R. Meldau, Harsewinkel/Westf.
Auswertung von Gekörn — Analysen des Musterstaubes „Flugasche Fortuna I"

Heft 106:
ORR. Dr.-Ing. W. Küch, Dortmund
Untersuchungen über die Einwirkung von feuchtigkeitsgesättigter Luft auf die Festigkeit von Leimverbindungen

Heft 107:
Prof. Dr. H. Lange und Dipl.-Phys. P. St. Pütter, Köln
Über die Konstruktion von Laboratoriumsmagneten

Heft 108:
Prof. Dr. W. Fuchs, Aachen
Untersuchungen über neue Beizmethoden und Beizabwässer
I. Die Entzunderung von Drähten mit Natriumhydrid
II. Die Aufbereitung von Beizabwässern

Heft 109:
Dr. P. Hölemann und Ing. R. Hasselmann, Dortmund
Untersuchungen über die Löslichkeit von Azetylen in verschiedenen organischen Lösungsmitteln

Heft 110:
Dr. P. Hölemann und Ing. R. Hasselmann, Dortmund
Untersuchungen über den Druckverlauf bei der explosiblen Zersetzung von gasförmigem Azetylen

Heft 111:
Fachverband Steinzeugindustrie, Köln
Die Entwicklung eines Gerätes zur Beschickung seitlicher Feuer von Steinzeug-Einzelkammeröfen mit festen Brennstoffen

Heft 112:
Prof. Dr.-Ing. H. Opitz, Aachen
Verschleißmessungen beim Drehen mit aktivierten Hartmetallwerkzeugen

Heft 113:
Prof. Dr. O. Graf, Dortmund
Erforschung der geistigen Ermüdung und nervösen Belastung: Studien über die vegetative 24-Stunden-Rhythmik in Ruhe und unter Belastung

Heft 114:
Prof. Dr. O. Graf, Dortmund
Studien über Fließarbeitsprobleme an einer praxisnahen Experimentieranlage

Heft 115:
Prof. Dr. O. Graf, Dortmund
Studium über Arbeitspausen in Betrieben bei freier und zeitgebundener Arbeit (Fließarbeit) und ihre Auswirkung auf die Leistungsfähigkeit

Heft 116:
Prof. Dr.-Ing. E. Siebel und Dr.-Ing. H. Weiss, Stuttgart
Untersuchungen an einigen Problemen des Tiefziehens — I. Teil

Heft 117:
Dr.-Ing. H. Beißwänger, Stuttgart, und Dr.-Ing. S. Schwandt, Trier
Untersuchungen an einigen Problemen des Tiefziehens — II. Teil

Heft 118:
Prof. Dr. E. A. Müller und Dr. H. G. Wenzel, Dortmund
Neuartige Klima-Anlage zur Erzeugung ungleicher Luft- und Strahlungstemperaturen in einem Versuchsraum

Heft 119:
Dr.-Ing. O. Viertel, Krefeld
Wäscherei- und energietechnische Untersuchung einer Gemeinschafts-Waschanlage

Heft 120:
Dipl.-Ing. Weisbecker, Lüdenscheid
Über Anfressung an Reinstaluminium-Schweißnähten bei der elektrolytischen Oxydation
Gebr. Hörstermann GmbH., Velbert
Entwicklung und Erprobung eines neuartigen Gummibandförderers

Heft 121:
Dr. H. Krebs, Bonn
I. Die Struktur und die Eigenschaften der Halbmetalle
II. Die Bestimmung der Atomverteilung in amorphen Substanzen
III. Die chemische Bindung in anorganischen Festkörpern und das Entstehen metallischer Eigenschaften

Heft 122:
Prof. Dr. W. Fuchs, Aachen
Untersuchungen zur Verbesserung der Wasseraufbereitung und Wasseranalyse:
Über die Schnellbewertung von Ionenaustauscher

Heft 123:
Dipl.-Ing. J. Emondts, Aachen
Über Bodenverformungen bei stark gestörtem und mächtigem, wasserführendem Deckgebirge im Aachener Steinkohlengebiet

Heft 124:
Prof. Dr. R. Seÿffert, Köln
Wege und Kosten der Distribution der Hausratwaren im Lande Nordrhein-Westfalen

Heft 125:
Prof. Dr. E. Kappler, Münster
Eine neue Methode zur Bestimmung von Kondensations-Koeffizienten von Wasser

Heft 126:
Prof. Dr.-Ing. J. Mathieu, Aachen
Arbeitszeitvergleich
Grundlagen, Methodik und praktische Durchführung

Heft 127:
Güteschutz Betonstein e. V.,
Arbeitskreis Nordrhein-Westfalen, Dortmund
Die Betonwaren-Gütesicherung im Lande Nordrhein-Westfalen

Heft 128:
Prof. Dr. O. Schmitz-DuMont, Bonn
Untersuchungen über Reaktionen in flüssigem Ammoniak

Heft 129:
Prof. Dr.-Ing. J. Mathieu und Dr. C. A. Roos, Aachen
Die Anlernung von Industriearbeitern
I. Ergebnisse einer grundsätzlichen Untersuchung der gegenwärtigen Industriearbeiter-Kurzanlernung

Heft 130:
Prof.-Dr.-Ing. J. Mathieu und Dr. C. A. Roos, Aachen
Die Anlernung von Industriearbeitern
II. Beiträge zur Methodenfrage der Kurzanlernung

Heft 131:
Dr. W. Hoerburger, Köln
Versuche zur Biosynthese von Eiweiß aus Kohlenwasserstoff

Heft 132:
Prof. Dr. W. Seith, Münster
Über Diffusionserscheinungen in festen Metallen

Heft 133:
Prof. Dr. E. Jenckel, Aachen
Über einen für Schwermetalle selektiven Ionenaustauscher

Heft 134:
Prof. Dr.-Ing. H. Winterhager, Aachen
Über die elektrochemischen Grundlagen der Schmelzfluß-Elektrolyse von Bleisulfid in geschmolzenen Mischungen mit Bleichlorid

Heft 135:
Prof. Dr.-Ing. K. Krekeler und Dr.-Ing. H. Peukert, Aachen
Die Änderung der mechanischen Eigenschaften thermoplastischer Kunststoffe durch Warmrecken

Heft 136:
Dipl.-Phys. P. Pilz, Remscheid
Über spezielle Probleme der Zerkleinerungstechnik von Weichstoffen

Heft 137:
Prof. Dr. W. Baumeister, Münster
Beiträge zur Mineralstoffernährung der Pflanzen

Heft 138:
Dr. P. Hölemann und Ing. R. Hasselmann, Dortmund
Untersuchungen über die Zersetzungswärme von gasförmigem und in Azeton gelöstem Azetylen

Heft 139:
Prof. Dr. W. Fuchs, Aachen
Studien über die thermische Zersetzung der Kohle und die Kohlendestillatprodukte

Heft 140:
Dr.-Ing. G. Hausberg, Essen
Modellversuche an Zyklonen

Heft 141:
Dr. J. van Calker und Dr. R. Wienecke, Münster
Untersuchungen über den Einfluß dritter Analysenpartner auf die spektrochemische Analyse

Heft 142:
Dipl.-Ing. G. M. F. Wiebel, Hannover, A. Konermann und
A. Ottenheym, Sennelager
Entwicklung eines Kalksandleichtsteines

Heft 143:
Prof. Dr. F. Wever, Prof. Dr. A. Rose und Dipl.-Ing. W. Straßburg, Düsseldorf
Härtbarkeit und Umwandlungsverhalten der Stähle

Heft 144:
Prof. Dr. H. Wurmbach, Bonn
Steuerung von Wachstum und Formbildung

Heft 145:
Dr. G. Hennemann, Werdohl (Westf.)
Beitrag zur Interpretation der modernen Atomphysik

Heft 146:
Dr.-Ing. F. Gruß, Düsseldorf
Sterilisation mit Heißluft

Heft 147:
Dr.-Ing. W. Rudisch, Unna
Untersuchung einer drehelastischen Elektromagnet-Synchronkupplung

Heft 148:
Prof. Dr. H. Bittel und Dipl.-Phys. L. Storm, Münster
Untersuchungen über Widerstandsrauschen

Heft 149:
Dipl.-Ing. K. Konopicky und Dipl.-Chem. P. Kampa, Bonn
I. Beitrag zur flammenphotometrischen Bestimmung des Calciums
Dr.-Ing. K. Konopicky, Bonn
II. Die Wanderung von Schlackenbestandteilen in feuerfesten Baustoffen

Heft 150:
Prof. Dr.-Ing. O. Kienzle und Dipl.-Ing. W. Timmerbeil, Hannover
Das Durchziehen enger Kragen an ebenen Fein- und Mittelblechen

Heft 151:
Dipl.-Ing. P. Karabasch, Aachen
Feststellung des optimalen Gasgehaltes von Bronzen zur Erzielung druckdichter Gußstücke

Heft 152:
Dipl.-Ing. G. Müller, Köln
Ermittlung der Laufeigenschaften (Vergießbarkeit) von Bronze und Rotguß mittels der Schneider-Gießspirale

Heft 153:
Prof. Dr. F. Wever, Dr.-Ing. W. A. Fischer und Dipl-Ing. J. Engelbrecht, Düsseldorf
I. Die Reduktion sauerstoffhaltiger Eisenschmelzen im Hochvakuum mit Wasserstoff und Kohlenstoff
II. Einfluß geringer Sauerstoffgehalte auf das Gefüge und Alterungsverhalten von Reineisen

Heft 154:
Prof. Dr.-Ing. P. Bardenheuer und Dr.-Ing. W. A. Fischer, Düsseldorf
Die Verschlackung von Titan aus Stahlschmelzen im sauren und basischen Hochfrequenzofen unter verschiedenen Schlacken

Heft 155:
Dipl.-Phys. K. H. Schirmer, München
Die auf Grau abgestimmte Farbwiedergabe im Dreifarbenbuchdruck

Heft 156:
Prof. Dr.-Ing. B. von Borries und Mitarbeiter, Düsseldorf
Die Entwicklung regelbarer permanentmagnetischer Elektronenlinsen hoher Brechkraft und eines mit ihnen ausgerüsteten Elektronenmikroskopes neuer Bauart

Heft 157:
Dr. W. Jawtusch, Dr. G. Schuster und Prof. Dr.-Ing. R. Jaeckel, Bonn
Untersuchungen über die Stoßvorgänge zwischen neutralen Atomen und Molekülen

Heft 158:
Dipl.-Ing. W. Rosenkranz, Meinerzhagen
Ein Beitrag zum Problem der Spannungskorrosion bei Preßprofilen und Preßteilen aus Aluminium-Legierungen

Heft 159:
Dr.-Ing. O. Viertel und O. Oldenroth, Krefeld
Das Bleichen von Weißwäsche mit Wasserstoffsuperoxyd bzw. Natriumhypochlorit beim maschinellen Waschen

Heft 160:
Prof. Dr. W. Klemm, Münster
Über neue Sauerstoff- und Fluor-haltige Komplexe

Heft 161:
Prof. Dr. W. Weltzien und Dr. G. Hauschild, Krefeld
Über Silikone und ihre Anwendung in der Textilveredlung

Heft 162:
Prof. Dr. F. Wever, Prof. Dr. A. Knochendörfer und Dr.-Ing. Chr. Rohrbach, Düsseldorf
Kennzeichnung der Sprödbruchneigung von Stählen durch Messung der Fließspannung, Reißspannung und Brucheinschnürung an dreiachsig beanspruchten Proben

Heft 163:
Dipl.-Ing. W. Rohs und Text.-Ing. H. Griese, Bielefeld
Untersuchungsarbeiten zur Verbesserung des Leinenwebstuhles III

Heft 164:
Dr.-Ing. H. Schmachtenberg, Köln
Neuartige Prüfeinrichtungen für Kraftfahrzeuge

Heft 165:
Dr.-Ing. W. Wilhelm, Aachen
Instationäre Gasströmung im Auspuffsystem eines Zweitaktmotors

Heft 166:
Prof. Dr. M. von Stackelberg, Dr. H. Heindze, Dr. H. Hübschke und Dr. K. H. Frangen, Bonn
Kolloidchemische Untersuchungen

Heft 167:
Prof. Dr.-Ing. F. Schuster, Essen
I. Über die Heißkarburierung von Brenngasen mit Ölen und Teeren
II. Die Strahlungsvorgänge in brennstoffbeheizten Öfen bei verschiedenen Verbrennungsatmosphären

Heft 168:
Prof. Dr.-Ing. F. Schuster, Essen
I. Luftvorwärmung an Gasfeuerungen
II. Heizwerthöhe von Brenngasen und Wirkungsgrad sowie Gasverbrauch bei der Gasverwendung
III. Sauerstoffangereicherte Luft und feuerungstechnische Kenngrößen von Brenngasen

Heft 169:
Forschungsinstitut für Pigmente und Lacke, Stuttgart
Arbeiten über die Bestimmung des Gebrauchswertes von Lackfilmen durch physikalische Prüfungen

Heft 170:
Prof. Dr. F. Wever, Dr. A. Rose und Dipl.-Ing. L. Rademacher, Düsseldorf
Anwendung der Umwandlungsschaubilder auf Fragen der Werkstoffauswahl beim Schweißen und Flammhärten

Heft 171:
Wäschereiforschung, Krefeld
Untersuchung der Wäscheentwässerung mit Hilfe von Zentrifugen und Pressen

Heft 172:
Dipl.-Ing. W. Rohs, Dr.-Ing. G. Satlow und Text.-Ing. G. Heller, Bielefeld
Trocknung von Hanfgarnen. Kreuzspultrocknung

Heft 173:
Prof. Dr. W. Kast, Krefeld, Prof. Dr. R. Hosemann und Dipl.-Phys. G. Schoknecht, Berlin
Lichtoptische Herstellung und Diskussion der Faltungsquadrate parakristalliner Gitter

Heft 174:
Prof. Dr. W. von Fragstein, Dr. J. Meingast und H. Hoch, Köln
Herstellung von Solen einheitlicher Teilchengröße und Ermittlung ihrer optischen Eigenschaften

Heft 175:
Dr.-Ing. H. Zeller, Aachen
Beitrag zur eindimensionalen stationären und nichtstationären Gasströmung mit Reibung und Wärmeleitung insbesondere in Rohren mit unstetigen Querschnittsänderungen

Heft 176:
Dipl.-Ing. H. Schöberl, Duisburg
Über die Methoden zur Ermittlung der Verbrennungstemperatur von Brennstoffen und ein Vorschlag zu ihrer Verbesserung

Heft 177:
Dipl.-Ing. H. Stüdemann, Solingen, und Dr.-Ing. W. Müchler, Essen
Entwicklung eines Verfahrens zur zahlenmäßigen Bestimmung der Schneideigenschaften von Messerklingen

Heft 178:
Prof. Dr. M. von Stackelberg und Dr. W. Hans, Bonn
Untersuchungen zur Ausarbeitung und Verbesserung von polarographischen Analysenmethoden

Heft 179:
Dipl.-Ing. H. F. Reineke, Bochum
Entwicklungsarbeiten auf dem Gebiete der Meß- und Regeltechnik

Heft 180:
Dr.-Ing. W. Piepenburg, Dipl.-Ing. B. Bühling und Bauing. J. Behnke, Köln
Putzarbeiten im Hochbau und Versuche mit aktiviertem Mörtel und mechanischem Mörtelauftrag

Heft 181:
Prof. Dr. W. Franz, Münster
Theorie der elektrischen Leitvorgänge in Halbleitern und isolierenden Festkörpern bei hohen elektrischen Feldern

Heft 182:
Dr.-Ing. P. Schenk und Dr. K. Osterloh, Düsseldorf
Katalytisch-thermische Spaltung von gasförmigen und flüssigen Kohlenwasserstoffen zur Spitzengaserzeugung

Heft 183:
Dr. W. Bornheim, Köln
Entwicklungsarbeiten an Flaschen- und Ampullen-Behandlungsmaschinen für die pharmazeutische Industrie

Heft 184:
Dr.-Ing. E. Printz, Kettwig
Vollhydraulische Parallel-Kupplung für Ackerschlepper

Heft 185:
Dipl.-Ing. W. Rohs und Text.-Ing. G. Heller, Bielefeld
Studien an einem neuzeitlichen Kreuzspultrockner für Bastfasergarne mit Wiederbefeuchtungszone

Heft 186:
Dr. E. Wedekind, Krefeld
Untersuchungen zur Arbeitsbestgestaltung bei der Fertigstellung von Oberhemden in gewerblichen Wäschereien

Heft 187:
Dipl.-Ing. F. Göttgens, Essen
Über die Eigenarten der Bimetall-, Thermo- und Flammenionisationssicherungsmethode in ihrer Anwendung auf Zündsicherungen

Heft 188:
W. Kinnebrock, Langenberg
Der Einfluß des Austausches gleicher Gaskochbrenner bzw. Gaskochbrennerteile auf den Wirkungsgrad und insbesondere auf den CO-Gehalt der Verbrennungsgase

Heft 189:
Fa. E. Leybold's Nachfolger, Köln
I. Ausgewählte Kapitel aus der Vakuumtechnik
II. Zum Verlust anorganisch-nichtflüchtiger Substanzen während der Gefriertrocknung

Heft 190:
Prof. Dr. A. Neuhaus, Prof. Dr. O. Schmitz-DuMont und Dipl.-Chem. H. Reckhard, Bonn
Zur Kenntnis der Alkalititanate

Heft 191:
Dr.-Ing. H. Söhngen, Darmstadt
Schwingungsverhalten eines Schaufelkranzes im Vakuum

Heft 192:
Dipl.-Phys. E. M. Schneider, München
Kohlebogenlampen für Aufnahme und Kopie

Heft 193:
Prof. Dr. O. Schmitz-DuMont, Bonn
Untersuchungen über neue Pigmentfarbstoffe

Heft 194:
Dr. K. Hecht, Köln
Entwicklung neuartiger physikalischer Unterrichtsgeräte

Heft 195:
Dr.-Ing. E. Rößger, Köln
Gedanken über einen neuen deutschen Luftverkehr

Heft 196:
Dipl.-Ing. W. Rohs und Text.-Ing. H. Griese, Bielefeld
Auswirkungen von Garnfehlern bei der Verarbeitung von Leinengarnen

Heft 197:
Dr. E. Wedekind, Krefeld
Untersuchungen zur Bestimmung der optimalen Arbeitsplatzgröße bei Mehrstuhlarbeit in der Weberei

Heft 198:
Prof. Dr. J. Weissinger, Karlsruhe
Zur Aerodynamik des Ringflügels. Die Druckverteilung dünner, fast drehsymmetrischer Flügel in Unterschallströmung

Heft 199:
Textilforschungsanstalt Krefeld
Die Messung von Gewebetemperaturen mittels Temperaturstrahlung

Heft 200:
R. Seipenbusch, Langenberg (Rhld.)
Spitzengas durch Zusatz von Flüssiggas-, Wassergas- und Flüssiggas-Generatorgas-Gemischen zu Stadtgas

Heft 201:
Dr.-Ing. E. W. Pleines, Frankfurt a. M.
Die Sicherheit im Luftverkehr

Heft 202:
Dipl.-Ing. D. Fiecke, Stuttgart
Die Bestimmung der Flugzeugpolaren für Entwurfszwecke.
I. Teil: Unterlagen

Heft 203:
Dr. G. Wandel, Bonn
Uferbewachung und Lebendverbauung an den Nordwestdeutschen Kanälen und ihren Zuflüssen sowie an der Ruhr

Heft 204:
Dipl.-Ing. B. Naendorf, Langenberg (Rhld.)
Bestimmung der Brenneigenschaften und des Brennverhaltens verschiedener Gasarten und Einfluß verschiedener Düsengestaltung

Heft 205:
Dr. C. Schaarwächter, Düsseldorf
Über plastische Kupfer-Eisen-Phosphor-Legierungen

Heft 206:
Dr. P. Hölemann, Ing. R. Hasselmann und Ing. G. Dix, Dortmund
Untersuchungen über die Vorgänge bei der Zersetzung von in Azeton gelöstem Azetylen

Heft 207:
Prof. Dr.-Ing. H. Opitz, Dipl.-Ing. K. H. Fröhlich und Dipl.-Ing. H. Siebel, Aachen
Richtwerte für das Fräsen von unlegierten und legierten Baustählen mit Hartmetall. Teil I

Heft 208:
Prof. Dr.-Ing. H. Müller, Essen
Untersuchung von Elektrowärmegeräten für Laienbedienung hinsichtlich Sicherheit und Gebrauchsfähigkeit. I. Untersuchung an Kochplatten

Heft 209:
Dr. K. Bunge, Leverkusen
Materialabbau in Funkenentladungen. Untersuchungen an Zinkkathoden

Heft 210:
Dr. W. Porschen und Prof. Dr. W. Riezler, Bonn
Langlebige Alpha-Aktivitäten bei natürlichen Elementen

Heft 211:
Prof. Dipl.-Ing. W. Sturtzel und Dr.-Ing. W. Graff, Duisburg
Die Versuchsanstalt für Binnenschiffbau, Duisburg

Heft 212:
Dipl.-Ing. H. Spodig, Selm
Untersuchung zur Anwendung der Dauermagnete in der Technik

Heft 213:
Dipl.-Ing. K.-F. Rittinghaus, Aachen
Zusammenstellung eines Meßwagens für Bau- und Raumakustik

Heft 214:
Dr.-Ing. J. Endres, München
Berechnung der optimalen Leistungen, Kraftstoffverbräuche und Wirkungsgrade von Einkreis-Turbolader-Strahltriebwerken am Boden und in der Höhe bei Fluggeschwindigkeiten von 0 bis 2000 km/h

Heft 215:
Prof. Dr.-Ing. H. Opitz und Dr.-Ing. G. Weber, Aachen
Einfluß der Wärmebehandlung von Baustählen auf Spanentstehung, Schnittkraft und Standzeitverhalten

Heft 216:
Dr. E. Kloth, Köln
Untersuchungen über die Ausbreitung kurzer Schallimpulse bei der Materialprüfung mit Ultraschall

Heft 217:
Rationalisierungs-Kuratorium der Deutschen Wirtschaft (RKW), Frankfurt a. M.
Typenvielzahl bei Haushaltgeräten und Möglichkeiten einer Beschränkung

Heft 218:
Dr. F. Keune, Aachen
Bericht über eine Theorie der Strömung um Rotationskörper ohne Anstellung bei Machzahl Eins

Heft 219:
Prof. Dr. W. Fuchs, Aachen
Untersuchungen zur Holzabfallverwertung und zur Chemie des Lignins

Heft 220:
Prof. Dr. W. Fuchs, Aachen
Entwicklung neuer Regel- und Kontroll-Apparate zur coulometrischen Analyse

Heft 221:
Dr. W. Meyer-Eppler, Bonn
Experimentelle Untersuchungen zum Mechanismus von Stimme und Gehör in der lautsprachlichen Kommunikation

Heft 222
Dr. L. Köllner und Dipl.-Volkswirt M. Kaiser, Münster
Die internationale Wettbewerbsfähigkeit der westdeutschen Wollindustrie

Heft 223:
Dr.-Ing. K. Alberti und Dr. F. Schwarz, Köln
Über das Problem Hartbrand-Weichbrand

Heft 224:
Dipl.-Ing. H. Stüdemann und Ing. R. Beu, Solingen
Verfahren zur Prüfung der Korrosionsbeständigkeit von Messerklingen aus rostfreiem Stahl

Heft 225:
Dr.-Ing. E. Barz, Remscheid
Der Spannungszustand von Gattersägeblättern

Heft 226:
Techn.-Wissenschaftl. Büro für die Bastfaserindustrie, Bielefeld
Untersuchungen zur Verbesserung des Leinenwebstuhles IV. Die Wirkung verschiedener Kettbaumbremsen auf die Verwebung von Leinengarnen

Heft 227
Prof. Dr. F. Wever, Düsseldorf und Dr. W. Wepner, Köln
Untersuchung der Alterungsneigung von weichen und unlegierten Stählen durch Härteprüfung bei Temperaturen bis 300° C

Heft 228
Prof. Dr. F. Wever, Dr. W. Koch, Düsseldorf und Dr. B. A. Steinkopf, Dortmund
Spektrochemische Grundlagen der Analyse von Gemischen aus Kohlenmonoxyd, Wasserstoff und Stickstoff

Heft 229:
Prof. Dr. F. Wever, Dr. W. Koch und Dr.-Ing. Malissa, Düsseldorf
Über die Anwendung disubstituierter Dithiocarbamate in der analytischen Chemie

Heft 230:
Prof. Dr. F. Wever, Düsseldorf und Dr. W. Wepner, Köln
Bestimmung kleiner Kohlenstoffgehalte im α-Eisen durch Dämpfungsmessung

VERÖFFENTLICHUNGEN DER ARBEITSGEMEINSCHAFT FÜR FORSCHUNG DES LANDES NORDRHEIN-WESTFALEN

Naturwissenschaften

Heft 1:
Prof. Dr.-Ing. F. Seewald, Aachen
Neue Entwicklungen auf dem Gebiet der Antriebsmaschinen
Prof. Dr.-Ing. F. A. F. Schmidt, Aachen
Technischer Stand und Zukunftsaussichten der Verbrennungsmaschinen, insbesondere der Gasturbinen
Dr.-Ing. R. Friedrich, Mülheim (Ruhr)
Möglichkeiten und Voraussetzungen der industriellen Verwertung der Gasturbine

Heft 2:
Prof. Dr.-Ing. W. Riezler, Bonn
Probleme der Kernphysik
Prof. Dr. Micheel, Münster
Isotope als Forschungsmittel in der Chemie und Biochemie

Heft 3:
Prof. Dr. E. Lehnartz, Münster
Der Chemismus der Muskelmaschine
Prof. Dr. G. Lehmann, Dortmund
Physiologische Forschung als Voraussetzung der Bestgestaltung der menschlichen Arbeit
Prof. Dr. H. Kraut, Dortmund
Ernährung und Leistungsfähigkeit

Heft 4:
Prof. Dr. F. Wever, Düsseldorf
Aufgaben der Eisenforschung
Prof. Dr.-Ing. H. Schenck, Aachen
Entwicklungslinien des deutschen Eisenhüttenwesens
Prof. Dr.-Ing. M. Haas, Aachen
Wirtschaftliche Bedeutung der Leichtmetalle und ihre Entwicklungsmöglichkeiten

Heft 5:
Prof. Dr. W. Kikuth, Düsseldorf
Virusforschung
Prof. Dr. R. Danneel, Bonn
Fortschritte der Krebsforschung
Prof. Dr. W. Schulemann, Bonn
Wirtschaftliche und organisatorische Gesichtspunkte für die Verbesserung unserer Hochschulforschung

Heft 6:
Prof. Dr. W. Weizel, Bonn
Die gegenwärtige Situation der Grundlagenforschung in der Physik
Prof. Dr. S. Strugger, Münster
Das Duplikantenproblem in der Biologie
Direktor Dr. F. Gummert, Essen
Überlegungen zu den Faktoren Raum und Zeit im biologischen Geschehen und Möglichkeiten einer Nutzanwendung

Heft 7:
Prof. Dr.-Ing. A. Götte, Aachen
Steinkohle als Rohstoff und Energiequelle
Prof. Dr. Dr. E. h. K. Ziegler, Mülheim/Ruhr
Über Arbeiten des Max-Planck-Institutes für Kohlenforschung

Heft 8:
Prof. Dr.-Ing. W. Fucks, Aachen
Die Naturwissenschaft, die Technik und der Mensch
Prof. Dr. W. Hoffmann, Münster
Wirtschaftliche und soziologische Probleme des technischen Fortschritts

Heft 9:
Prof. Dr.-Ing. F. Bollenrath, Aachen
Zur Entwicklung warmfester Werkstoffe
Prof. Dr. H. Kaiser, Dortmund
Stand spektralanalytischer Prüfverfahren und Folgerung für deutsche Verhältnisse

Heft 10:
Prof. Dr. H. Braun, Bonn
Möglichkeiten und Grenzen der Resistenzzüchtung
Prof. Dr.-Ing. C. H. Dencker, Bonn
Der Weg der Landwirtschaft von der Energieautarkie zur Fremdenergie

Heft 11:
Prof. Dr.-Ing. H. Opitz, Aachen
Entwicklungslinien der Fertigungstechnik in der Metallbearbeitung
Prof. Dr.-Ing. K. Krekeler, Aachen
Stand und Aussichten der schweißtechnischen Fertigungsverfahren

Heft 12:
Dr. H. Rathert, Wuppertal-Elberfeld
Entwicklung auf dem Gebiet der Chemiefaser-Herstellung
Prof. Dr. W. Weltzien, Krefeld
Rohstoff und Veredlung in der Textilwirtschaft

Heft 13:
Dr.-Ing. E. h. K. Herz, Frankfurt a. M.
Die technischen Entwicklungstendenzen im elektrischen Nachrichtenwesen
Staatssekretär Prof. L. Brandt, Düsseldorf
Navigation und Luftsicherung

Heft 14:
Prof. Dr. B. Helferich, Bonn
Stand der Enzymchemie und ihre Bedeutung
Prof. Dr. H. W. Knipping, Köln
Ausschnitt aus der klinischen Carcinomforschung am Beispiel des Lungenkrebses

Heft 15:
Prof. Dr. A. Esau, Aachen
Ortung mit elektrischen und Ultraschallwellen in Technik und Natur
Prof. Dr.-Ing. E. Flegler, Aachen
Die ferromagnetischen Werkstoffe der Elektrotechnik und ihre neueste Entwicklung

Heft 16:
Prof. Dr. R. Seyffert, Köln
Die Problematik der Distribution
Prof. Dr. Theodor Beste, Köln
Der Leistungslohn

Heft 17:
Prof. Dr.-Ing. Seewald, Aachen
Luftfahrtforschung in Deutschland und ihre Bedeutung für die allgemeine Technik
Prof. Dr.-Ing. E. Houdremont, Essen
Art und Organisation der Forschung in einem Industrieforschungsinstitut der Eisenindustrie

Heft 18:
Prof. Dr. W. Schulemann, Bonn
Theorie und Praxis pharmakologischer Forschung
Prof. Dr. W. Groth, Bonn
Technische Verfahren zur Isotopentrennung

Heft 19:
Dipl.-Ing. K. Traenckner, Essen
Entwicklungstendenzen der Gaserzeugung

Heft 20:
M. Zvegintzow, London
Wissenschaftliche Forschung und die Auswertung ihrer Ergebnisse
Ziel u. Tätigkeit der National Research Development Corporation
Dr. A. King, London
Wissenschaft und internationale Beziehungen

Heft 21:
Prof. Dr. R. Schwarz, Aachen
Wesen und Bedeutung der Silicium-Chemie
Prof. Dr. Dr. h. c. K. Alder, Köln
Fortschritte in der Synthese von Kohlenstoffverbindungen

Heft 21 a
Prof. Dr. Dr. h. c. O. Hahn, Göttingen
Die Bedeutung der Grundlagenforschung für die Wirtschaft
Prof. Dr. S. Strugger, Münster
Die Erforschung des Wasser- und Nährsalztransportes im Pflanzenkörper mit Hilfe der fluoreszenzmikroskopischen Kinematographie

Heft 22:
Prof. Dr. J. von Allesch, Göttingen
Die Bedeutung der Psychologie im öffentlichen Leben
Prof. Dr. O. Graf, Dortmund
Triebfedern menschlicher Leistung

Heft 23:
Prof. Dr. Dr. h. c. B. Kuske, Köln
Zur Problematik der wirtschaftswissenschaftlichen Raumforschung
Prof. Dr. Dr.-Ing. E. h. St. Prager, Düsseldorf
Städtebau und Landesplanung

Heft 24:
Prof. Dr. R. Danneel, Bonn
Über die Wirkungsweise der Erbfaktoren
Prof. Dr. K. Herzog, Krefeld
Bewegungsbedarf der menschlichen Gliedmaßengelenke bei der Berufsarbeit

Heft 25:
Prof. Dr. O. Haxel, Heidelberg
Energiegewinnung aus Kernprozessen
Dr.-Ing. Dr. M. Wolf, Düsseldorf
Gegenwartsprobleme der energiewirtschaftlichen Forschung

Heft 26:
Prof. Dr. F. Becker, Bonn
Ultrakurzwellenstrahlung aus dem Weltraum
Dr. H. Straßl, Bonn
Bemerkenswerte Doppelsterne und das Problem der Sternentwicklung

Heft 27:
Prof. Dr. H. Behnke, Münster
Der Strukturwandel der Mathematik in der ersten Hälfte des 20. Jahrhunderts
Prof. Dr. E. Sperner, Hamburg
Eine mathematische Analyse der Luftdruckverteilung in großen Gebieten

Heft 28:
Prof. Dr. O. Niemczyk, Aachen
Die Problematik gebirgsmechanischer Vorgänge im Steinkohlenbergbau
Prof. Dr. W. Ahrens, Krefeld
Die Bedeutung geologischer Forschung für die Wirtschaft besonders in Nordrhein-Westfalen

Heft 29:
Prof. Dr. B. Rensch, Münster
Das Problem der Residuen bei Lernleistungen
Prof. Dr. H. Fink, Köln
Über Leberschäden bei der Bestimmung des biologischen Wertes verschiedener Eiweiße von Mikroorganismen

Heft 30:
Prof. Dr.-Ing. F. Seewald, Aachen
Forschungen auf dem Gebiete der Aerodynamik
Prof. Dr.-Ing. K. Leist, Aachen
Forschungen in der Gasturbinentechnik

Heft 31:
Prof. Dr.-Ing. Dr. h. c. F. Mietzsch, Wuppertal
Chemie und wirtschaftliche Bedeutung der Sulfonamide
Prof. Dr. Dr. h. c. G. Domagk, Wuppertal
Die experimentellen Grundlagen der bakteriellen Infektionen

Heft 32:
Prof. Dr. H. Braun, Bonn
Die Verschleppung von Pflanzenkrankheiten und -schädlingen über die Welt
Prof. Dr. W. Rudorf, Voldagsen
Der Beitrag von Genetik und Züchtung zur Bekämpfung von Viruskrankheiten der Nutzpflanzen

Heft 33:
Prof. Dr.-Ing. V. Aschoff, Aachen
Probleme der elektroakustischen Einkanalübertragung
Prof. Dr.-Ing. H. Döring, Aachen
Erzeugung und Verstärkung von Mikrowellen

Heft 34:
Geheimrat Prof. Dr. Dr. R. Schenck, Aachen
Bedingungen und Gang der Kohlenhydratsynthese im Licht
Prof. Dr. E. Lehnartz, Münster
Die Endstufen des Stoffabbaues im Organismus

Heft 35:
Prof. Dr.-Ing. H. Schenck, Aachen
Gegenwartsprobleme der Eisenindustrie in Deutschland
Prof. Dr.-Ing. Piwowarsky †, Aachen
Gelöste und ungelöste Probleme im Gießereiwesen

Heft 36:
Prof. Dr. W. Riezler, Bonn
Teilchenbeschleuniger
Prof. Dr. G. Schubert, Hamburg
Anwendung neuer Strahlenquellen in der Krebstherapie

Heft 37:
Prof. Dr. F. Lotze, Münster
Probleme der Gebirgsbildung
Bergwerksdirektor Bergassessor a. D. Rauschenbach, Essen
Die Erhaltung der Förderungskapazität des Ruhrbergbaues auf lange Sicht

Heft 38:
Dr. E. C. Cherry, London
Kybernetik
Prof. Dr. E. Pietsch, Clausthal-Zellerfeld
Dokumentation und mechanisches Gedächtnis — zur Frage der Ökonomie der geistigen Arbeit

Heft 39:
Dr. H. Haase, Hamburg
Infrarot und seine technischen Anwendungen
Prof. Dr. A. Esau, Aachen
Die Bedeutung des Ultraschalls für technische Anwendungsgebiete

Heft 40:
Bergassessor F. Lange, Bochum-Hordel
Die wirtschaftliche und soziale Bedeutung der Silikose im Bergbau
Prof. Dr. W. Kikuth, Düsseldorf
Die Entstehung der Silikose und ihre Verhütungsmaßnahmen

Heft 40a:
Prof. Dr. E. Gross, Bonn
Berufskrebs und Krebsforschung
Prof. Dr. H. W. Knipping, Köln
Die Situation der Krebsforschung vom Standpunkt der Klinik

Heft 41:
Dr.-Ing. G. V. Lachmann, Teddington
An einer neuen Entwicklungsschwelle im Flugzeugbau
Dr. A. Gerber, Zürich
Stand der Entwicklung der Raketen- und Lenktechnik

Heft 42:
Prof. Dr. T. Kraus, Köln
Lokalisationsphänomene und Raumordnung vom Standpunkt der geographischen Wissenschaft
Direktor Dr. F. Gummert, Essen
Vom Ernährungsversuchsfeld der Kohlenstoffbiologischen Forschungsstation Essen (Ein 6 Jahre lang durchgeführter Versuch, einen Menschen aus dem Ertrag von 1250 qm zu ernähren)

Heft 42a:
Prof. Dr. Dr. h. c. G. Domagk, Wuppertal
Fortschritte auf dem Gebiet der experimentellen Krebsforschung

Heft 43:
Prof. G. Lampariello, Rom
Über Leben und Werk von Heinrich Hertz
Prof. Dr. W. Weizel, Bonn
Über das Problem der Kausalität in der Physik

Heft 43a:
Prof. Dr. J. Mª Albareda, Madrid
Die Entwicklung der Forschung in Spanien

Heft 44:
Prof. Dr. B. Helferich, Bonn
Über Glykose
Prof. Dr. F. Micheel, Münster
Kohlenhydrat-Eiweiß-Verbindungen und ihre bio-chemische Bedeutung

Heft 45:
Prof. Dr. J. von Neumann, Princeton/USA
Entwicklung und Ausnutzung neuerer mathematischer Maschinen
Prof. Dr. E. Stiefel, Zürich
Rechenautomaten im Dienste der Technik mit Beispielen aus dem Züricher Institut für angewandte Mathematik

Heft 46:
Prof. Dr. W. Weltzien, Krefeld
Ausblick auf die Entwicklung synthetischer Fasern
Prof. Dr. W. Hoffmann, Münster
Wachstumsformen der Industriewirtschaft

Heft 47:
Staatssekretär Prof. L. Brandt, Düsseldorf
Die praktische Förderung der Forschung in Nordrhein-Westfalen
Prof. Dr. L. Raiser, Bad Godesberg
Die Förderung der angewandten Forschung durch die Deutsche Forschungsgemeinschaft

Heft 48:
Dr. H. Tromp, Rom
Bestandsaufnahme der Wälder der Welt als internationale und wissenschaftliche Aufgabe
Prof. Dr. F. Heske, Schloß Reinbek
Die Wohlfahrtswirkungen des Waldes als internationales Problem

Heft 49:
Präsident Dr. G. Böhnecke, Hamburg
Zeitfragen der Ozeanographie
Reg.-Direktor Dr. H. Gabler, Hamburg
Nautische Technik und Schiffssicherheit

Heft 50:
Prof. Dr.-Ing. F. A. F. Schmidt, Aachen
Probleme der Selbstentzündung und Verbrennung bei der Entwicklung der Hochleistungskraftmaschinen
Prof. Dr.-Ing. A. W. Quick, Aachen
Ein Verfahren zur Untersuchung des Austauschvorganges in verwirbelten Strömungen hinter Körpern mit abgelöster Strömung

Heft 51:
Prof. Dr. S. Strugger, Münster
Struktur, Entwicklungsgeschichte und Physiologie der Chloroplasten
Direktor Dr. J. Pätzold, Erlangen
Therapeutische Anwendung mechanischer und elektrischer Energie

VERÖFFENTLICHUNGEN DER ARBEITSGEMEINSCHAFT FÜR FORSCHUNG DES LANDES NORDRHEIN-WESTFALEN

Geisteswissenschaften

Heft 1:
Prof. Dr. W. Richter, Bonn
Die Bedeutung der Geisteswissenschaften für die Bildung unserer Zeit
Prof. Dr. J. Ritter, Münster
Die aristotelische Lehre vom Ursprung und Sinn der Theorie

Heft 2:
Prof. Dr. J. Kroll, Köln
Elysium
Prof. Dr. G. Jachmann, Köln
Die vierte Ekloge Vergils

Heft 3:
Prof. Dr. H. Stier, Münster
Die klassische Demokratie

Heft 4:
Prof. Dr. W. Caskel, Köln
Lihyan und Lihyanisch, Sprache und Kultur eines früharabischen Königreiches

Heft 5:
Prof. Dr. T. Ohm, Münster
Stammesreligionen im südlichen Tanganyika-Territorium

Heft 6:
Prälat Prof. Dr. Dr. h. c. G. Schreiber, Münster
Deutsche Wissenschaftspolitik von Bismarck bis zum Atomwissenschaftler Otto Hahn

Heft 7:
Prof. Dr. W. Holtzmann, Bonn
Das mittelalterliche Imperium und die werdenden Nationen

Heft 8:
Prof. Dr. W. Caskel, Köln
Die Bedeutung der Beduinen in der Geschichte der Araber

Heft 9:
Prälat Prof. Dr. Dr. h. c. G. Schreiber, Münster
Iroschottische Motive im abendländischen Sakralraum

Heft 10:
Prof. Dr. P. Rassow
Forschungen zur Reichsidee im 16. und 17. Jahrhundert

Heft 11:
Prof. Dr. H. E. Stier, Münster
Roms Aufstieg zur Weltherrschaft

Heft 12:
Prof. D. K. Rengstorf, Münster
Mann und Frau im Urchristentum
Prof. Dr. H. Conrad, Bonn
Grundprobleme einer Reform des Familienrechts

Heft 13:
Prof. Dr. M. Braubach, Bonn
Der Weg zum 20. Juli 1944 — Ein Forschungsbericht

Heft 14:
Prof. Dr. P. Hübinger, Münster
Das deutsch-französische Verhältnis und seine mittelalterlichen Grundlagen

Heft 15:
Prof. Dr. F. Steinbach, Bonn
Der geschichtliche Weg des wirtschaftenden Menschen in die soziale Freiheit und politische Verantwortung

Heft 16:
Prof. Dr. J. Koch, Köln
Die Ars coniecturalis des Nikolaus von Cues

Heft 17:
Prof. Dr. J. Conant, US-Hochkommissar für Deutschland
Staatsbürger und Wissenschaftler
Prof. D. K. H. Rengstorf, Münster
Antike und Christentum

Heft 18:
Prof. Dr. R. Alewyn, Köln
Klopstocks Publikum

Heft 19:
Prof. Dr. F. Schalk, Köln
Das Lächerliche in der französischen Literatur des Ancien Régime

Heft 20:
Prof. Dr. L. Raiser, Bad Godesberg
Rechtsfragen der Mitbestimmung

Heft 21:
Prof. D. M. Noth, Bonn
Das Geschichtsverständnis der alttestamentlichen Apokalyptik

Heft 22:
Prof. Dr. W. F. Schirmer, Bonn
Glück und Ende des Königs in Shakespeares Historien

Heft 23:
Prof. Dr. G. Jachmann, Köln
Der homerische Schiffskatalog und die Ilias

Heft 24:
Prof. Dr. T. Klauser, Bonn
Die römischen Petrustraditionen im Lichte der neuen Ausgrabungen unter der Peterskirche

Heft 25:
Prof. Dr. H. Peters, Köln
Die Gewaltentrennung in moderner Sicht

Heft 26:
Prof. Dr. F. Schalk, Köln
Calderon und die Mythologie

Heft 27:
Prof. Dr. J. Kroll, Köln
Vom Leben geflügelter Worte

Heft 28:
Prof. Dr. T. Ohm, Münster
Die Religionen in Asien

Heft 29:
Prof. Dr. L. Weisgerber, Bonn
Die Ordnung der Sprache im persönlichen und öffentlichen Leben

Heft 30:
Prof. Dr. W. Caskel, Köln
Entdeckungen in Arabien

Heft 31:
Prof. Dr. M. Braubach, Bonn
Entstehung und Entwicklung der landesgeschichtlichen Bestrebungen und historischen Vereine im Rheinland

Heft 32:
Prof. Dr. F. Schalk, Köln
Somnium und verwandte Wörter in den romanischen Sprachen

Heft 33:
Prof. Dr. F. Dessauer, Frankfurt a. M.
Erbe und Zukunft des Abendlandes

Heft 34:
Prof. Dr. T. Ohm, Münster
Ruhe und Frömmigkeit

Heft 35:
Prof. Dr. H. Conrad, Bonn
Die mittelalterliche Besiedlung des deutschen Ostens und das deutsche Recht

Heft 36:
Prof. Dr. H. Sckommodau, Köln
Die religiösen Dichtungen Margaretes von Navarra

Heft 37:
Prof. Dr. H. von Einem, Bonn
Der Kopf mit der Binde des Meisters von Naumburg

Heft 38:
Prof. Dr. J. Höffner, Münster
Statik und Dynamik in der scholastischen Wirtschaftsethik

Heft 39:
Prof. Dr. F. Schalk, Köln
Diderots Essai über Claudius und Nero

Heft 40:
Prof. Dr. G. Kegel, Köln
Probleme des internationalen Enteignungs- und Währungsrechts

Heft 41:
Prof. Dr. L. Weisgerber, Bonn
Die Grenzen der Schrift

Heft 42:
Prof. Dr. R. Alewyn, Köln
Von der Empfindsamkeit zur Romantik

Heft 43:
Prof. Dr. T. Schieder, Köln
Die Probleme des Rapallo-Vertrages 1922

Heft 44:
Prof. Dr. A. Rumpf, Köln
Stilphasen der spätantiken Kunst

MIX
Papier aus verantwortungsvollen Quellen
Paper from responsible sources
FSC® C105338

If you have any concerns about our products,
you can contact us on
ProductSafety@springernature.com

In case Publisher is established outside the EU,
the EU authorized representative is:
Springer Nature Customer Service Center GmbH
Europaplatz 3, 69115 Heidelberg, Germany

Printed by Libri Plureos GmbH
in Hamburg, Germany